卓越农林人才培养实验实训实习教材

兽医生物技术实验

主　编

赵光伟　（西南大学）
孔庆科　（西南大学）

副主编

杨晓伟　（西南大学）
刘　青　（西南大学）
封海波　（西南民族大学）

编写人员

卡力比夏提·艾木拉江　（新疆医科大学第一附属医院）
郭建华　（西南大学）
闫振贵　（山东农业大学）
宋振辉　（西南大学）
耿士忠　（扬州大学）
罗红艳　（西南大学）
李锦铨　（华中农业大学）
李　沛　（西南大学）
严若峰　（南京农业大学）
唐志如　（西南大学）
温建新　（青岛农业大学）
李艳红　（西南大学）
卜永谦　（江苏农林职业技术学院）
廖永洪　（西南大学）

西南大学出版社
SWUP
国家一级出版社　全国百佳图书出版单位

图书在版编目(CIP)数据

兽医生物技术实验 / 赵光伟, 孔庆科主编. -- 重庆: 西南大学出版社, 2024.3

ISBN 978-7-5697-1667-2

Ⅰ. ①兽… Ⅱ. ①赵… ②孔… Ⅲ. ①兽医学—生物工程—实验—教材 Ⅳ. ①S85-33

中国国家版本馆CIP数据核字(2023)第202001号

兽医生物技术实验

主编　赵光伟　孔庆科

责任编辑: 鲁　欣
责任校对: 刘欣鑫
装帧设计: 观止堂_朱　璇
排　　版: 夏　洁
出版发行: 西南大学出版社(原西南师范大学出版社)
印　　刷: 重庆紫石东南印务有限公司
幅面尺寸: 195 mm×255 mm
印　　张: 7
字　　数: 149千字
版　　次: 2024年3月 第1版
印　　次: 2024年3月 第1次印刷
书　　号: ISBN 978-7-5697-1667-2

定　　价: 32.00元

总序

2014年9月，教育部、农业部（现农业农村部）、国家林业局（现国家林业和草原局）批准西南大学动物科学专业、动物医学专业、动物药学专业本科人才培养为国家第一批卓越农林人才教育培养计划改革试点项目。学校与其他卓越农林人才培养高校广泛开展合作，积极探索卓越农林人才培养的模式、实训实践等教育教学改革，加强国家卓越农林人才培养校内实践基地建设，不断探索校企、校地协调育人机制的建立，开展全国专业实践技能大赛等，在卓越农林人才培养方面取得了巨大的成绩。西南大学水产养殖学专业、水族科学与技术专业同步与国家卓越农林人才教育培养计划专业开展了人才培养模式改革等教育教学探索与实践。2018年9月，教育部、农业农村部、国家林业和草原局发布的《关于加强农科教结合实施卓越农林人才教育培养计划2.0的意见》（简称《意见2.0》）明确提出，经过5年的努力，全面建立多层次、多类型、多样化的中国特色高等农林教育人才培养体系，提出了农林人才培养要开发优质课程资源，注重体现学科交叉融合、体现现代生物科技课程建设新要求，及时用农林业发展的新理论、新知识、新技术更新教学内容。

为适应新时代卓越农林人才教育培养的教学需求，促进"新农科"建设和"双万计划"顺利推进，进一步强化本科理论知识学习与实践技能培养，西南大学联合相关高校，在总结卓越农林人才培养改革与实践的经验基础之上，结合教育部《普通高等学校本科专业类教学质量国家标准》以及教育部、财政部、发展改革委《关于高等学校加快"双一流"建设的指导意见》等文件精神，决定推出一套"卓越农林人才培养实验实训实习教材"。本套教材包含动物科学、动物医学、动物药学、中兽医学、水产养殖学、水族科学与技术等本科专业的学科基础课程、专业发展课程和实践等教学环节的实验实训实习内容，适合作为动物科学、动物医学和水产养殖学及相关专业的教学用书，也可作为教学辅助材料。

本套教材面向全国各类高校的畜牧、兽医、水产及相关专业的实践教学环节，具有较广泛的适用性。归纳起来，这套教材有以下特点：

1. 准确定位，面向卓越 本套教材的深度与广度力求符合动物科学、动物医学和水产养殖学及相关专业国家人才培养标准的要求和卓越农林人才培养的需要，紧扣教学活动与知识结构，对人才培养体系、课程体系进行充分调研与论证，及时用现代农林业发展的新理论、新知识、新技术更新教学内容以培养卓越农林人才。

2.夯实基础，切合实际 本套教材遵循卓越农林人才培养的理念和要求，注重夯实基础理论、基本知识、基本思维、基本技能；科学规划、优化学科品类，力求考虑学科的差异与融合，注重各学科间的有机衔接，切合教学实际。

3.创新形式，案例引导 本套教材引入案例教学，以提高学生的学习兴趣和教学效果；与创新创业、行业生产实际紧密结合，增强学生运用所学知识与技能的能力，适应农业创新发展的特点。

4.注重实践，衔接实训 本套教材注意厘清教学各环节，循序渐进，注重指导学生开展现场实训。

"授人以鱼，不如授人以渔。"本套教材尽可能地介绍各个实验（实训、实习）的目的要求、原理和背景、操作关键点、结果误差来源、生产实践应用范围等，通过对知识的迁移延伸、操作方法比较、案例分析等，培养学生的创新意识与探索精神。本套教材是目前国内出版的能较好落实《意见2.0》的实验实训实习教材，以期能对我国农林的人才培养和行业发展起到一定的借鉴引领作用。

以上是我们编写这套教材的初衷和理念，把它们写在这里，主要是为了自勉，并不表明这些我们已经全部做好了、做到位了。我们更希望使用这套教材的师生和其他读者多提宝贵意见，使教材得以不断完善。

本套教材的出版，也凝聚了西南大学和西南大学出版社相关领导的大量心血和支持，在此向他们表示衷心的感谢！

总编委会

前言

本书是西南大学“十三五”规划教材，也是“国家卓越农林人才培养计划”、“动物科学拔尖人才创新实验班培养计划”和“动物科学国家级实验教学示范中心”规划教材中的一册，内容涉及兽医微生物学、动物免疫学、分子生物学、细胞生物学以及兽医生物制品学等多门学科基础理论知识与常用实验项目，有助于提升学生的实验操作能力、分析能力及科研素养。

本书由基础性实验、综合性实验两部分，共24个实验组成。基础性实验部分包括培养基的配制及灭菌、细菌的分离培养及移植、动物组织基因组DNA的提取及检测等19个实验项目。该部分实验项目，涉及多门学科的基础性实验技术原理和操作方法，既可用于单独课程实验教学，也可以用于兽医综合性实训项目学习。

综合性实验部分包括猪圆环病毒2型(PCV2)PCR检测方法、猪传染性胃肠炎病毒N蛋白基因的克隆、猪瘟病毒免疫荧光抗体技术、精制卵黄抗体的制备以及禽致病性大肠杆菌的分离与鉴定5个实验项目。学生通过该部分综合性实验的操作学习，可以掌握常用的实验室检测方法原理和操作方法。

由于编者水平有限，本书内容还存在不足之处，恳请广大读者不吝赐教，以便再版时修正提高。

编者

2024年1月

第一部分 基础性实验

第二部分 综合性实验

第一部分

基础性实验

培养基的配制及灭菌

培养基是指利用人工方法将适合微生物生长繁殖或积累代谢产物的各种营养物质混合配制而成的营养基质，主要用于微生物的分离、培养、鉴定以及菌种保藏等。

按培养基的成分，可将培养基分为天然培养基、合成培养基和半合成培养基。天然培养基是指利用动物、植物、微生物或其他天然有机成分配制而成的培养基，其优点是营养丰富、价格便宜，缺点是成分不能准确确定且不稳定，实验室常用的牛肉汁培养基或麦芽汁培养基即为天然培养基；合成培养基是指完全利用已知种类和成分的化学试剂配制而成的培养基，优点是各成分均为已知且含量稳定，缺点是价格较贵，实验室常用的高氏一号培养基即为合成培养基；半合成培养基是指由天然有机成分和已知化学试剂混合组成的培养基，实验室常用的马铃薯葡萄糖培养基即为半合成培养基。

按培养基的物理状态，可将培养基分为固体培养基、半固体培养基和液体培养基。固体培养基是指在液体培养基中加入一定量的凝固剂（常加1.5%~2%的琼脂）经溶解、加热之后冷凝而成的培养基；半固体培养基是指在液体培养基中加入0.8%~1%的琼脂，经溶解、加热之后冷凝而成的培养基；液体培养基是指培养基中不加凝固剂，呈液体状态的培养基。

按培养基的用途，可将培养基分为加富培养基、选择培养基和鉴别培养基。加富培养基是指在培养基中加入某些特殊营养物质，促使某种特殊性能的微生物迅速生长，有利于从混合菌群中分离出所需的某种微生物，例如为了分离能够利用石蜡的微生物，常在培养基中加入石蜡作为碳源；选择培养基是指在培养基中加入某些微生物生长抑制剂，抑制那些不需要的微生物生长，以达到从混杂微生物菌群的环境中分离出所需微生物的目的，例如用于分离真菌的马丁培养基；鉴别培养基是指在培养基中加入特定指示剂，它能与某一微生物的代谢产物产生显色反应，便于微生物的快速鉴定，例如用于鉴定大肠杆菌的伊红美蓝培养基。

【实验目的】

(1)掌握培养基的配制及高压蒸汽灭菌原理。

(2)掌握培养基的配制程序、灭菌的要求和注意事项。

【实验原理】

培养基一般应含有微生物生长繁殖所需要的碳源、氮源、能源、无机盐、生长因子和水等营养成分。

培养基制备的原则和要求:

(1)培养基必须含有细菌生长所需要的营养物质,如水分、蛋白胨、碳水化合物及盐类等。

(2)培养基的材料和盛培养基的容器应没有抑制细菌生长的物质。

(3)培养基的酸碱度应符合细菌生长的要求,多数细菌生长适宜pH范围是弱碱(pH 7.2~7.6)。

(4)配制的培养基应该彻底灭菌,不应含有任何活的微生物,制备好的培养基应在37 ℃温箱里培养1~2 d,使用前要检测是否有杂菌。

【实验用品】

1.仪器

天平或台秤、高压蒸汽灭菌锅等。

2.材料

移液管、试管、烧杯、量筒、锥形瓶、培养皿、玻璃漏斗、药匙、称量纸、pH试纸、记号笔、棉花、纱布、线绳、塑料试管盖、牛皮纸、报纸等。

3.试剂

常用各类培养基材料、1 mol/L氢氧化钠(NaOH)溶液、1 mol/L盐酸(HCl)溶液等。

【实验步骤】

(一)液体及固体培养基的配制过程

1.液体培养基配制

(1)称量。一般可用1/100或1/10000天平称量配制培养基所需的各种药品,按照培养基配方计算各成分用量,进行准确称量。

(2)溶解。将称好的药品置于一烧杯中,先加入少量水(根据实验需要可用自来水或蒸馏水),用玻棒搅动,加热溶解。

(3)定容。药品全部溶解后,倒入一容量瓶中,加水至所需体积。如某种药品用量太少时,可预先配成较浓溶液,然后按比例吸取一定体积的溶液,加入培养基中。

(4)调pH。一般用pH试纸测定培养基的pH。用剪刀剪出一小段pH试纸,然后用镊子夹取此段pH试纸,在培养基中蘸一下,观察其pH范围,如培养基偏酸或偏碱时,可进行调节。调节pH时,应逐滴加入NaOH溶液或HCl溶液,防止局部过酸或过碱破坏培养基中成分。边加NaOH溶液或HCl溶液边搅拌,并不时用pH试纸测试,直至达到所需pH。

(5)过滤。用滤纸或多层纱布过滤培养基。一般无特殊要求时,此步可省去。

2.固体培养基的配制

配制固体培养基时,应将已配好的液体培养基加热煮沸,再将称好的琼脂(1.5%~2%)加入,并用玻棒不断搅拌,以免煳底烧焦。继续加热至琼脂全部溶解,最后补足因蒸发而失去的水分。

(二)常用培养基的制备

常用的培养基有下列几种,其制备方法和用途如下所述。

1.肉汤培养基

(1)材料:牛肉膏0.5 g,蛋白胨1.0 g,NaCl 0.5 g,蒸馏水100 mL。

(2)方法:将上述材料混合,加热溶解,放凉。用精密pH试纸测试酸碱度,用10%碳酸钠(Na_2CO_3)溶液或1 mol/L氢氧化钠(NaOH)溶液矫正pH为7.2左右。过碱时可用10%醋酸(CH_3COOH)溶液或1 mol/L盐酸(HCl)溶液矫正。必要时可用酸度计更准确地测定酸碱度。将调节过pH的培养基分装于试管或锥形瓶中,用0.1 MPa高压蒸汽灭菌20~30 min,待用。

(3)用途:主要用于细菌增殖和观察细菌在液体培养基中的生长状态(沉淀生长、混浊生长和表面生长)。

2.LB培养基

(1)材料:胰蛋白胨1 g,酵母提取物0.5 g,NaCl 1 g,琼脂1.5~2 g,蒸馏水100 mL。

(2)方法:将上述材料混合,加热溶解,调节pH至7.0,之后将培养基分装于试管和锥形瓶中,高压蒸汽灭菌。灭菌后,将试管倾斜放置,冷却后则成斜面培养基;锥形瓶中的培养基趁热倒入灭菌平皿中,冷却后即成琼脂平板。

(3)用途:琼脂平板用于分离细菌等,琼脂斜面培养基用于细菌纯培养和菌种保存等。

3. 马铃薯葡萄糖培养基

（1）材料：马铃薯 20 g，葡萄糖 2 g，琼脂 1.5~2 g，蒸馏水 100 mL。

（2）方法：配制 20% 马铃薯浸汁。取去皮马铃薯 20 g，切成小块加水 1000 mL；80 ℃浸泡 1 h，用纱布过滤，补足失水至所需体积；0.1 MPa 高压蒸汽灭菌 20 min，即成 20% 马铃薯浸汁，贮存备用。

配制时，按每 100 mL 马铃薯浸汁加入 2 g 葡萄糖，加热煮沸后加入 1.5~2 g 琼脂，继续加热至药品都溶解并补足失水。分装、加塞、包扎，0.1 MPa 高压蒸汽灭菌 20 min。

（3）用途：马铃薯葡萄糖培养基可用于培养放线菌。

4. 豆芽汁葡萄糖培养基

（1）材料：黄豆芽 10 g，葡萄糖 5 g，琼脂 1.5~2 g，蒸馏水 100 mL。

（2）方法：称新鲜黄豆芽 10 g，置于烧杯中，再加入 100 mL 水，小火煮沸 30 min，用纱布过滤，补足失水，即制成 10% 豆芽汁。配制时，按每 100 mL 10% 豆芽汁加入 5 g 葡萄糖，煮沸后加入 1.5~2 g 琼脂，继续加热至所有药品溶解，补足失水。分装、加塞、包扎，0.1 MPa 高压蒸汽灭菌 20 min。

（3）用途：豆芽汁葡萄糖培养基可用于培养酵母菌和霉菌。

5. 伊红美蓝培养基（EMB）

（1）材料：乳糖 1 g，胰蛋白胨 0.5 g，NaCl 0.5 g，K_2HPO_4 0.2 g，2% 伊红溶液 2 mL，0.5% 美蓝溶液 1 mL，琼脂 1.5~2 g，蒸馏水 100 mL。

（2）方法：称取培养基各成分，溶解定容，自然 pH 或调 pH 至 7.2，按照每 100 mL 培养基加入 2 mL 2% 伊红溶液和 1 mL 0.5% 美蓝溶液。再加入琼脂，加热至所有药品溶解，补足失水。分装、加塞、包扎，0.1 MPa 高压蒸汽灭菌 20 min。

（3）用途：伊红美蓝培养基可用于选择性培养大肠杆菌。大肠杆菌可以发酵乳糖在 EMB 上为黑色带金属光泽的菌落，不能发酵乳糖的细菌为蓝色菌落。

6. 血液琼脂培养基

（1）材料：营养琼脂培养基 100 mL，脱纤维的新鲜羊血或兔血 5~10 mL。

（2）方法：将营养琼脂培养基加热煮沸（或高压灭菌后），待冷却到 50 ℃左右时，加入羊血或兔血并混匀（此步骤要无菌操作），再分装于无菌平皿或试管中，制成血平板或血斜面培养基。

（3）用途：用于培养要求较高的细菌。

7. 半固体培养基

(1)材料：合成半固体培养基1.0 g(参考说明书来决定用量)，蒸馏水100 mL。

(2)方法：将上述材料混合，加热煮沸溶解，分装于小试管中，高压灭菌后，直立，使之凝固成高层。

(3)用途：用于测定细菌的动力和保存菌种。

8. 蛋白胨水培养基

(1)材料：蛋白胨1.0 g，NaCl 0.5 g，蒸馏水100 mL。

(2)方法：按量称取药品后，加水混合并加热溶解，矫正pH为7.2~7.6，分装后高压蒸汽灭菌。

(3)用途：蛋白胨水培养基中不含糖类，常用于制备糖发酵培养基或用于细菌的靛基质反应等。

(三)高压蒸汽灭菌

1. 向锅内加水

打开灭菌锅盖，向锅内加适量蒸馏水(立式高压蒸汽灭菌锅从进水口处加双蒸水至水位的标示高度)。

2. 加入待灭菌物品

将待灭菌物品放入灭菌桶内，物品不要放得太密和紧靠锅壁，以免影响蒸汽流通或导致冷凝水顺壁流入灭菌物品。

3. 盖好锅盖

将盖上的软管插入灭菌桶的槽内(有利于冷空气自下而上排出)，加盖，上下螺栓口对齐，采用对角方式均匀旋紧螺栓，使锅密闭。

4. 排放锅内冷空气及升温灭菌

打开放气阀，加热(电加热或煤气加热，或直接通入蒸汽)，自锅内开始产生蒸汽3 min后再关紧放气阀(或喷出气体不形成水雾)，此时锅内的冷空气由排气孔排尽，温度随蒸汽压力增高而上升，待逐渐上升至所需温度时，控制热源，维持所需压力和温度，并开始计时。一般培养基控制在0.1 MPa灭菌20 min；含糖等成分培养基控制在0.056 MPa灭菌30 min或0.07 MPa灭菌20 min。关闭热源，停止加热，压力随之逐渐降低。

5. 降温及后处理

待压力降至0时，慢慢打开放气阀(排气口)，开盖，立即取出灭菌物品。注意，在压力未完全降至0处前，不能打开锅盖，以免培养基沸腾将棉塞冲出；也不可用冷水冲淋灭菌锅迫使温度迅速下降。灭菌的物品在开盖后立即取出，以免凝结在锅盖和器壁上的水滴弄湿包装纸或落到被灭菌物品上，增加染菌率。斜面培养基自锅内取出后要趁热摆成斜面，灭菌后的空培养皿、试管、移液管等需烘干或晾干。

若连续使用灭菌锅，每次需补足水分；灭菌完毕，除去锅内剩余水分，保持灭菌锅干燥。

6.无菌实验

可将灭菌过的培养基置于37 ℃恒温箱中培养24 h，若无菌生长，即视为灭菌彻底，可保存备用。

高压蒸汽灭菌注意事项：灭菌时人不能离开工作现场，控制热源维持灭菌时的压力。压力过高，不仅培养基的营养成分被破坏，还会导致高压锅超过耐压范围，易发生爆炸造成伤人事故。

【实验结果分析】

(1)记录所配制培养基的名称及成分，简述配制培养基的操作步骤。

(2)说明高压蒸汽灭菌原理、适用范围，简述高压蒸汽灭菌的操作步骤及关键点。

(3)认真观察培养基无菌检测结果，检查是否有杂菌生长。

【思考题】

(1)培养细菌一般常用什么培养基？培养基因工程受体菌(大肠杆菌)常用什么培养基？培养放线菌常用什么培养基？

(2)什么是半合成培养基？什么是合成培养基？

(3)对血清、噬菌体浓缩液、氨基酸溶液、维生素溶液、抗生素溶液能否进行高压蒸汽灭菌？应该采取何种方法除菌为宜？

【拓展文献】

[1]钱存柔，黄仪秀.微生物学实验教程[M].2版.北京：北京大学出版社，2008.

[2]沙莎，宋振辉.动物微生物实验教程[M].重庆：西南师范大学出版社，2011.

细菌的分离培养及移植

纯种分离技术是微生物学中重要的基本技术之一，分离是指从混杂微生物群体中获得单一菌株纯培养的方法，纯种（纯培养）是指一株菌种或一个培养物中所有的细胞或孢子都是由一个细胞分裂、繁殖而产生的后代。

为了生产和科研的需要，人们往往需从自然界混杂的微生物群体中分离出具有特殊功能的纯种微生物，或重新分离被其他微生物污染及因自发突变而丧失原有优良性状的菌株，或选出通过诱变及遗传改造后具有优良性状的突变株及重组菌株。尽管菌种不同，但分离、筛选及纯化新菌种的步骤都基本相似，大致分为采样、富集培养、纯种分离和性能测定四个步骤。采样：主要依据所筛选的微生物生态及分布概况，综合分析决定采样地点。富集培养：根据所要筛选菌种的生理特性，加入某些特定物质，使所需的微生物增殖，形成数量上的优势，限制不需要的微生物生长繁殖（对无特殊性能要求的菌种，可省略此步）。纯种分离：可用10倍稀释平板分离法、涂布法、划线分离法、单细胞分离法等。性能测定：可分初筛和复筛两步。本实验主要介绍细菌的微生物分离、纯化方法。

即使采用最现代的分离技术，人类生产和生活中现已开发利用的微生物尚未超过其存在量的1%。寻找和发现有重要应用潜力、具有新功能的微生物菌种资源，尚有待于不断提出新思路，以及新的筛选与分离方法的突破。

【实验目的】

（1）掌握细菌稀释分离、划线分离等技术。

（2）学习从样品中分离、纯化出所需菌株的方法。

（3）学习并掌握平板倾注法和斜面接种技术，了解细菌的培养条件和培养时间。

【实验原理】

土壤是微生物生活的大本营，是寻找和发现有重要应用潜力的微生物的主要菌源。不同土样中各类微生物数量不同，一般土壤中细菌数量最多，其次为放线菌和霉菌。一般在较干燥、偏碱性的有机质丰富的土壤中放线菌数量较多；酵母菌在一般土壤中数量较少，而在果园的土壤中数量较多。

本次实验是完成从土壤中分离细菌。为了分离和确保获得某种微生物的单菌落，首先要考虑制备不同稀释度的菌悬液。不同种类细菌的稀释度因菌源、采集样品时的季节、气温等条件而异。其次，应考虑各类微生物的特性，避免菌源中各类微生物相互干扰。要想获得某种微生物的纯培养，还需提供有利于该微生物生长繁殖的最适培养基及培养条件。

【实验用品】

1.仪器

培养箱、无菌操作台等。

2.菌源

土样：选定采土地点后，铲去表土层2~3 cm，取3~10 cm深层土壤10 g，装入已灭过菌的牛皮纸袋内，封好袋口，并记录取样地点、环境及日期。土样采集后应及时分离，凡不能立即分离的样品，应保存在低温、干燥条件下，尽量减少其中菌相的变化。

3.材料

无菌培养皿、微量移液器、无菌枪头、接种环、三角棒、称量纸、药勺、酒精灯等。

4.试剂

无菌水或无菌生理盐水。

培养基：肉汤培养基、营养琼脂培养基、LB培养基等。

【实验步骤】

（一）稀释分离法

1.制备土壤稀释液

称取土样1 g，加入到一个盛有99 mL无菌水或无菌生理盐水并装有10粒玻璃珠的锥形瓶中（无菌操作），振荡10~20 min，使土样中菌体、芽孢或孢子均匀分散，制成10^{-2}稀释度的土壤稀释液。然后按10倍稀释法进行稀释分离，以制备10^{-7}稀释度为例，具体操作过程如下：取试管6支各加入4.5 mL无菌水，按10^{-3}……10^{-7}顺序编号，放置在试管架上。取量程为1 mL的移液器一支，插取一枚1 mL的无菌枪头，调整取液体积为0.5 mL，切记不要用手指去触摸枪头，左手持锥形瓶底，以右手掌及小指、无名指夹住锥形瓶上棉塞，在火焰旁拔出棉塞（棉塞夹在手指间，不能放在桌面上），将枪头伸进振荡混匀的土壤悬液底部，用手指轻按移液器顶部，在锥形瓶内反复吹吸三次（吹吸时注意第二次液面要高于第一次吹吸的液面），然后准确吸取0.5 mL 10^{-2}土壤稀释液，右手将棉塞插回锥形瓶上，左手放下锥形瓶。换持编号为10^{-3}的试管，依前法在酒精灯火焰旁拔出棉塞，将0.5 mL 10^{-2}土壤稀释液注入此试管内，制成10^{-3}的土壤稀释液，在试管内反复吹吸三次，取出移液器，打掉枪头，盖上棉塞，右手持10^{-3}稀释液试管在左手上敲打20~30次，混匀土壤稀释液。再换1枚新的无菌枪头，插入10^{-3}稀释液试管内，再吹吸三次，然后准确吸出0.5 mL 10^{-3}稀释液，加入编号为10^{-4}的试管中，制成10^{-4}土壤稀释液，用同法再制成10^{-5}、10^{-6}、10^{-7}的土壤稀释液。最后，将用毕的枪头灭菌后丢弃在废弃物桶中。

2.倾注法分离

取无菌培养皿6~9个，分别于培养皿底面按稀释度编号。稀释完毕后，用移液器从菌液浓度最小的10^{-7}土壤稀释液吸取1 mL稀释液，按无菌操作技术加到编号为10^{-7}的无菌培养皿内。再以相同方法分别吸取1 mL10^{-6}、10^{-5}的土壤稀释液，分别加到编号为10^{-6}、10^{-5}的无菌培养皿内。将已灭菌的LB固体培养基熔化，待冷却至45~50 ℃时，分别倾入到已盛有10^{-5}、10^{-6}、10^{-7}土壤稀释液的无菌培养皿内。注意：温度过高易将细菌烫死，皿盖上冷凝水太多，也会影响细菌分离效果；低于45 ℃时，培养基易凝固，平板易出现凝块、高低不平。倾倒培养基时注意无菌操作，要在火焰旁进行。左手拿培养皿，右手拿锥形瓶底部，左手用小指和手掌将棉塞拔开，灼烧瓶口，用左手大拇指将培养皿盖打开一缝，至瓶口正好伸入，培养皿盖与培养皿的夹角以30~45°为宜，倾入培养基12~15 mL，将培养皿在桌面上前后左右轻轻转动，使稀释的菌悬液与培养基混合均匀，之后静置于桌上。待平板完全冷凝后，将平板倒置在37 ℃恒温箱中培养24~48 h，观察结果。

3.涂布法分离

取无菌培养皿，加入已熔化并冷却至45~50 ℃的LB固体培养基，将培养皿在桌面上前后左右轻轻转动，待平板冷凝后，用移液器分别吸取上述10^{-5}、10^{-6}、10^{-7}三个稀释度菌悬液0.1 mL，依次滴加于相应编号的LB培养基平板上，右手持三角棒在火焰上灭菌，左手拿培养皿，并用拇指将皿盖打开一缝，在火焰旁右手持三角棒于培养皿平板表面将菌液自平板中央均匀向四周涂布扩散，切忌用力过猛将菌液直接推向平板边缘或将培养基划破。接种后将平板倒置在37 ℃恒温箱中培养24~48 h，观察结果。

(二)划线分离法

菌种被其他杂菌污染时或混合菌悬液常用划线分离法进行纯种分离。此法是将蘸有菌悬液的接种环在平板表面多方向连续划线,使混杂的微生物细胞在平板(平板制作方法如前所述)表面分散,经培养得到由单个微生物细胞繁殖而成的菌落,从而达到纯化目的。划线分离的平板必须事先倾倒好,需充分冷凝待平板稍干后方可使用;为便于划线,一般培养基不宜太薄,每皿倾倒约20 mL培养基,培养基应厚薄均匀,表面光滑。划线分离法主要有连续划线法和分区划线法两种。连续划线法是从平板边缘一点开始,连续作波浪式划线直到平板的另一端为止,过程中不需灼烧接种环上的菌。分区划线法是将平板分四区,故又称四分区划线法,划线时每次将平板转动60~70°,每换一次角度,应将接种环灼烧灭菌后,再蘸取菌液通过上次划线处划线。

1.连续划线法

用接种环直接取平板上待分离纯化的菌落,将菌种点种在平板边缘一处,取出接种环,烧去多余菌体。将接种环再次通过稍打开皿盖的缝隙伸入平板,在平板边缘空白处接触一下使接种环冷却,然后从接种有菌的部位在平板上自左向右轻轻划线,划线时平板与接种环成30~40°,以手腕力量在平板表面轻巧滑动划线,接种环不要嵌入培养基内划破培养基,线条要平行密集,充分利用平板表面积,注意勿使前后两条线重叠。划线完毕,关上皿盖,灼烧接种环,待冷却后放置在接种架上。培养皿倒置于适温的恒温箱内培养(以免培养过程中皿盖冷凝水滴下,冲散已分离的菌落),24 h后观察沿划线处长出的菌落形态,涂片镜检为纯种后再接种斜面。

2.分区划线法(四分区划线法)

采用分区划线法进行划线分离时平板分为4个区(1区、2区、3区、4区),故又称四分区划线法,其中4区是单菌落的主要分布区,故其划线面积应最大。为防止4区内划线与1、2、3区线条相接触,应使4区线条与1区线条相平行,这样区与区间线条夹角最好保持在120°左右。先将接种环蘸取少量菌在平板1区划3~5条平行线,然后取出接种环,左手盖上皿盖,将平板转动60~70°,在火焰上将接种环上多余菌体烧死,将烧红的接种环在平板边缘冷却,再以1区划线的菌体为菌源,由1区向2区做第2次平行划线。第2次划线完毕,再把平皿转动60~70°,同样依次在3、4区划线。划线完毕,盖上皿盖,灼烧接种环,将培养皿倒置于37 ℃的恒温箱内培养,24 h后在划线区观察单菌落生长情况。

本次实验在分离细菌的平板上选取单菌落,于LB平板上再次划线分离,使菌进一步纯化。划线接种后的平板,倒置于37 ℃恒温箱中培养24 h后观察结果。

(三)纯培养菌的获得与移植法

1.斜面接种

将划线分离培养24 h的平板从37 ℃的恒温箱取出，挑取单个菌落，经染色镜检不含杂菌后，用接种环挑取单个菌落，移植于琼脂斜面培养基培养，所得到的培养物，即为纯培养物，再进行其他各项实验检查和致病性实验等。具体操作方法如下。

两试管斜面移植时，左手斜持菌种管和被接种琼脂斜面管，并让管口互相并齐，管底部放在拇指和食指之间，松动两管棉塞，以便接种时容易拔出。右手持接种环，在火焰上灭菌后，用右手小指和无名指并齐同时拔出两管棉塞，使管口靠近火焰，将接种环伸入菌种管内，先在无菌生长的琼脂斜面上接触使接种环冷却，再挑取少许细菌后拉出接种环，立即伸入另一管琼脂斜面培养基上，注意接种后勿碰及斜面和管壁，直达斜面底部，从斜面底部开始划曲线，向上至斜面顶端为止，管口通过火焰灭菌，将棉塞塞好，接种完毕。接种环通过火焰灭菌后放置在接种架上，最后在管壁上注明菌名、接种日期，置于37 ℃恒温箱中培养。

从平板培养基上选取菌落移植到琼脂斜面上时，用右手持接种环进行火焰灭菌，左手打开平皿盖，右手持接种环挑取单个菌落，左手盖上平皿盖后立即取斜面管，按两斜面移植的方法进行接种、培养。

2.穿刺接种

半固体培养基宜用穿刺法接种，方法基本上与斜面接种相同，不同的是用接种针挑取菌落后，垂直刺入培养基内。要从培养基表面的中部一直刺入管底，然后按原方向垂直退出，若进行H_2S(硫化氢)产生实验时，将接种针沿管壁穿刺向下即使产生少量H_2S，从培养基中也易识别。

(四)微生物菌落计数(平板菌落计数法)

微生物(含菌样品)经稀释分离培养后，每一个活菌细胞可以在平板上繁殖形成一个肉眼可见的菌落。故可根据平板上菌落的数目，推算出每克含菌样品中所含的总活菌数。

$$每克含菌样品中的总活菌数=\frac{同一稀释度的3个平板上菌落平均数\times稀释倍数}{含菌样品克数}。$$

一般由3个稀释度计算出的每克含菌样品中的总活菌数和同一稀释度的总活菌数应很接近(如相差较大，则表示操作不精确)，不同稀释度平板上出现的菌落数应呈规律性地减少。通常以第2个稀释度的平板上出现50个左右菌落为宜。也可用菌落计数器计数。

(五)平板菌落形态及个体形态观察

用肉眼观察平板上的菌落形态,再用接种环挑取单菌落制片,在显微镜下观察个体形态。将所分离的各类菌株的主要菌落特征和细胞形态记录下来。

【实验报告内容】

(1)简述分离细菌纯种的原则及分离操作过程的关键无菌操作技术。

(2)记录细菌的分离方法及培养条件。

(3)记录所分离的平板菌落计数结果。

(4)记录所分离得到的单菌落菌株的特征与镜检形态。

【思考题】

(1)分离培养的目的是什么?什么是纯培养?

(2)在挑取固体培养物上的细菌进行平板分区划线时,为什么在每区划线之前都要将接种环上的剩余细菌烧掉?划线时为什么不能重叠?

(3)培养时,培养皿为什么要倒置?

【拓展文献】

[1]钱存柔,黄仪秀.微生物学实验教程[M].2版.北京:北京大学出版社,2008.

动物组织基因组DNA的提取及检测

在进行基因组分析、Southern杂交及构建基因组文库的过程中，都需要提取高纯度、高分子质量的基因组DNA。不同生物（微生物、植物、动物）的基因组DNA提取方法有所不同，不同种类的基因组及其细胞结构和所含的成分不同，分离方法也有差异。制备DNA的原则是既要将DNA与蛋白质、脂类和糖类等分离，又要保持DNA分子的完整性。动物细胞的DNA是以染色体的形式存在于细胞核内，因此哺乳动物的一切有核细胞（包括培养细胞）都能用来制备基因组DNA。

提取DNA的一般过程是将分散好的组织细胞放在含SDS（十二烷基硫酸钠）和蛋白酶K的溶液中消化分解蛋白质，再用苯酚和氯仿、异丙醇抽提分离蛋白质，得到的DNA溶液再经过乙醇沉淀，使DNA从溶液中析出。

【实验目的】

（1）掌握动物基因组DNA提取的一般原理。

（2）掌握动物基因组DNA提取的方法和步骤。

【实验原理】

分离动物基因组DNA的基本流程：首先，分离目标细胞，再破碎细胞膜使其内容物释放；其次，利用DNA在乙醇或异丙醇中溶解度低的特性沉淀基因组DNA；最后，纯化和精炼基因组DNA。

对细胞的分离和破碎并提取细胞核是提取基因组DNA的第一步，分离细胞核的常用方法有蔗糖密度梯度离心法、柠檬酸差速离心法等，也可以简单地使用吸出等方法提取细胞核。利用去垢剂处理细胞可以使膜蛋白溶解或变性、脂肪溶解，从而导致细胞膜破裂。不同的生物材料可以用不同的方法进行预处理。例如，对细菌样品只需使用溶菌酶和SDS联合处理即可使其DNA较容易释放出来；对于动物或植物样品，则可使用液氮冰冻研磨或匀浆，也可用蛋白酶来处理样品帮助破碎细胞释放DNA。

往破碎后的组织样品中加入DNA提取缓冲液，使蛋白酶变性析出，而DNA仍然溶解在水相中。DNA提取缓冲液中常常含有去垢剂，如十六烷基三甲基溴化铵（CTAB）、SDS，也含有较高浓度的盐离子。去垢剂不但可以通过溶解细胞膜蛋白和脂类来破碎细胞，也可以使蛋白质变性析出；盐离子有助于DNA保持溶解状态（DNA在2 mol/L NaCl溶液中具有较高的溶解度）。此外，DNA提取缓冲液中也含有Tris-HCl和EDTA，前者是pH缓冲剂，后者是金属离子螯合剂，可以螯合Mg^{2+}、Mn^{2+}等，使DNA酶（DNase）活性降低或失活，以保护DNA。

从细胞中释放出来的粗DNA含有较多的杂质，需要使用不同的方法进一步去除杂质或降低其含量。蛋白质往往是最常见的杂质，通常采用苯酚-氯仿-异戊醇混合液来去除。纯化后的基因组DNA则可以利用DNA在乙醇溶液中溶解度低的特性来析出，回收后再溶解于适当的缓冲液中，根据需要置于低温条件下（-20 ℃或者-70 ℃）保存。

【实验用品】

1.仪器

微量移液器、台式冷冻离心机、恒温水浴箱。

2.材料

新鲜动物组织（各种组织、脏器都可），手术剪，玻璃匀浆器，弯成钩状的小玻棒，1.5 mL离心管（EP管）。

3.试剂

（1）匀浆缓冲液：10 mmol/L Tris-HCl（pH 8.0），25 mmol/L EDTA（pH 8.0），100 mmol/L NaCl。

（2）TE缓冲液（pH 8.0）：10 mmol/L Tris-HCl，25 mmol/ L EDTA。

（3）10%SDS，蛋白酶溶液（10 mg/mL），胰RNA酶溶液（10 mg/mL），饱和苯酚-氯仿-异丙醇混液（25∶24∶1，体积比），氯仿-异戊醇混液（24∶1，体积比），3 mol/L NaAc（pH 5.2），预冷的无水乙醇和75%乙醇，磷酸盐缓冲液（PBS）。

【实验步骤】

1.组织匀浆

取新鲜动物组织块0.1 g（0.5 cm^3），用PBS冲洗3次，尽量剪碎，置于玻璃匀浆器中，加入1 mL的匀浆缓冲液匀浆至不见明显组织块(注:动作轻柔,切勿将细胞破碎)。

2.破碎细胞

组织匀浆液转入15 mL离心管中,加入100 μL 10%SDS,混匀(此时样品变得黏稠)。

3.消化蛋白质

加入50 μL蛋白酶K,轻轻颠倒混匀,55 ℃恒温水浴12~18 h,间歇振荡离心管数次。

4.消化RNA

加入胰RNA酶至终浓度为200 μg/mL,37 ℃恒温水浴1 h。

5.离心

10000 r/min离心5 min,取上清液移至干净离心管中。

6.抽提

加入与上清液等体积的苯酚-氯仿-异戊醇混液,慢慢旋转混匀,4 ℃,10000 r/min离心10 min;取上层水相,加入等体积的氯仿-异戊醇混液,混匀,4 ℃,10000 r/min离心10 min(混匀是倾斜离心管使两相接触面积增大,吸取上层液体时注意不要吸到蛋白质沉淀)。

7.纯化

取上清液移至干净离心管中,加入1/10上清液体积的NaAc溶液,充分混匀,再加入2倍体积的无水乙醇,旋转离心管混匀,室温静置20~30 min,可见有白色絮状沉淀析出,用玻棒挑出或用吸管吸出至干净离心管中。

8.洗涤

将上一步产物10000 r/min离心10 min,弃上清液,沉淀用70%乙醇洗涤一次,室温下干燥(不要太干,否则DNA不易溶解)。

9.收集

往沉淀中加入200 μL TE缓冲液后存放于4 ℃冰箱中,过夜溶解,即可得到动物基因组DNA,储存于-20 ℃。

10.检测

可采用紫外分光光度计对DNA的A260、A280值进行测定,也可以采用DNA分子在琼脂糖凝胶中的电荷效应和分子筛选效应进行检测。

【实验结果分析】

(1)纯净DNA的A260/A280值为1.8。

(2)通过琼脂糖凝胶电泳检测方法对所提DNA进行鉴定(参阅实验5)。

【注意事项】

（1）选择的动物组织要新鲜，处理时间不宜过长。

（2）用苯酚-氯仿-异戊醇混液抽提时，如果DNA含量过高，水相在下层，应注意观察；如果两相界面或水相中蛋白质含量过多，可重复抽提多次。

（3）取上清液时，不应贪多，以防非核酸类成分干扰。

【思考题】

（1）所提DNA量很少或没有的原因是什么？

（2）如何判断基因组DNA的完整性？

（3）为什么DNA提取缓冲液中含有Na^+等阳离子，阳离子浓度过高或过低对提取结果有什么影响？

（4）所提取的DNA的A260/280值大于或小于1.8的原因是什么？

【拓展文献】

［1］任林柱，张英．分子生物学实验原理与技术［M］．北京：科学出版社，2015.

动物组织总RNA的提取及反转录

自然界除了DNA病毒以外,同样存在很多以RNA为遗传物质的病毒。提取和纯化完整的RNA是进行RNA方面研究工作的基础,如Northern杂交,反转录-聚合酶链反应(reverse transcription-polymerase chain reaction,RT-PCR)、定量PCR、cDNA合成及体外翻译等实验。反转录是利用逆转录酶能将RNA逆转录成DNA的特性,通过合适的引物,将细胞内的RNA(总RNA或mRNA)逆转录为cDNA,以此作为后续实验的模板的技术。反转录技术灵敏且用途广泛,可用于检测细胞中基因表达水平、细胞中RNA病毒的含量。反转录技术使RNA检测的灵敏性提高了几个数量级,使一些极微量RNA样品的分析成为可能。

【实验目的】

(1)学习并掌握用Trizol试剂法从动物组织中提取总RNA的方法和步骤。

(2)学习并掌握反转录的原理及其操作过程。

【实验原理】

1.RNA提取原理

细胞内大部分的RNA均与蛋白质结合在一起,并且以多核蛋白的形式存在。因此分离制备RNA时,首先必须使RNA与蛋白质分离并除去蛋白质,由于RNA的种类、来源和存在形式不同,所用的制备方法各异,一般常用的方法有盐酸胍法、去污剂法和苯酚法。Trizol试剂法是目前最常见的RNA提取方法之一,Trizol试剂的主要成分是异硫氰酸胍和苯酚。异硫氰酸胍属于耦合剂,是一类强力的蛋白质变性试剂,可溶解蛋白质,主要作用是裂解细胞,使细胞中的蛋白质和核酸解聚从而释放核酸;苯酚虽也可有效地使蛋白质变性,但不能完全抑制RNA酶的活性。因此Trizol试剂中还加入了8-羟基喹啉、β-巯基乙醇等来抑制内源和外源RNA酶。样本经Trizol试剂处理之后继续加入氯仿，离心后溶液分为水相和有机相，RNA选择性进入无DNA和蛋白质的水相中。吸出水相用异丙醇沉淀可回收RNA，用乙醇沉淀中间层可回收DNA，用异丙醇沉淀有机相可回收蛋白质。

2. 反转录原理

提取组织中总RNA，以其中的mRNA作为模板，采用Oligo(dT)、随机引物及基因特异性引物，利用反转录酶将mRNA反转录成cDNA，进而以cDNA为模板进行PCR扩增，从而获得目的基因或检测基因表达（见图4-1）。

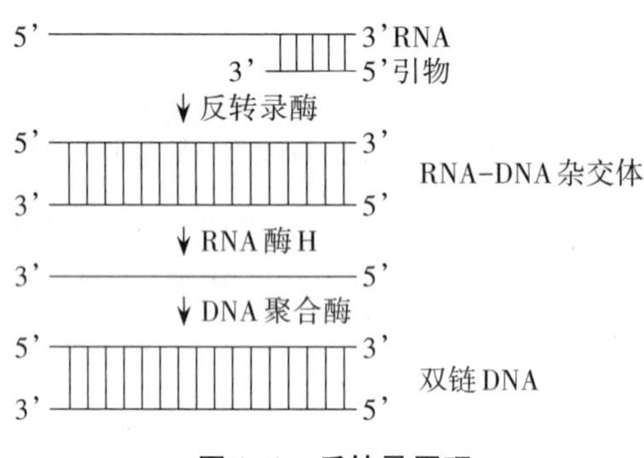

图4-1　反转录原理

【实验用品】

1. 仪器

台式高速冷冻离心机、PCR仪、灭菌锅、紫外分光光度计、电动匀浆仪、旋涡振荡仪、微量移液器。

2. 材料

新鲜的动物组织、玻璃研磨器、50 mL离心管、1.5 mL EP管、0.2 mL PCR管。

3. 试剂

(1)液氮、Trizol试剂、氯仿、异丙醇、75%乙醇[DEPC(焦碳酸二乙酯)水配制]、反转录试剂盒。

(2)DEPC水(无RNA酶)：灭菌水中加入DEPC至终浓度为0.1%，室温或者37 ℃下避光静置过夜后高温高压灭菌，备用。

【实验步骤】

1.RNA的提取步骤

(1)组织细胞破碎。将组织在液氮中磨碎，每50~100 mg组织加入1 mL Trizol试剂，用匀浆仪进行匀浆处理(样品体积不应超过Trizol体积10%)。

(2)抽提。将匀浆样品在室温放置5 min,使核酸-蛋白复合物完全分离;然后以每1 mL Trizol试剂加0.2 mL氯仿,剧烈振荡15 s,室温放置3 min。

(3)离心。4 ℃、12000 r/min离心15 min,离心之后的样品分为3层,上层为无色水相(RNA主要在水相中,水相体积约为所用Trizol试剂体积的60%),底层为黄色(红或绿)有机相,以及一个中间层。

(4)沉淀。取上层水相并转移到另一个干净离心管中(不要吸取任何中间层物质),按每1 mL Trizol试剂加0.5 mL异丙醇的比例加入异丙醇,颠倒混匀后室温放置10 min。

(5)离心。4 ℃、12000 r/min离心15 min,小心去除上清液(离心后在管侧和管底出现胶状沉淀)。

(6)洗涤。用75%乙醇洗涤RNA沉淀,每使用1 mL Trizol试剂至少加1 mL 75%乙醇,4 ℃、不超过8000 r/min离心5 min,弃上清液。

(7)收集。RNA沉淀于室温下放置干燥或真空抽干,加入25 μL无RNA酶水,-70 ℃保存(不要晾太干,否则不易溶解,晾5~10 min即可)。

(8)检测。可用紫外分光光度计进行定量检测,也可利用电泳鉴定。

2.反转录步骤

(1)反应体系:往0.2 mL PCR管中,加入以下试剂(以Takara公司的反转录试剂盒为例,5×PrimeScript IV cDNA Synthesis Mix为含有多种反转录试剂的混合物)。

5×PrimeScript IV cDNA Synthesis Mix	2 μL
总RNA	3 μL
RNase Free H_2O	5 μL
总共	10 μL

(2)反应条件:将以上体系放入PCR仪,按85 ℃ 5 s,37 ℃ 15 min,进行反应。

(3)保存:将反应得到的cDNA暂时保存在-20 ℃冰箱中。

【实验结果分析】

(1)纯净RNA的A260/A280值为2.0。

(2)非变性RNA电泳可不使用有毒化合物,但是由于分子内相互作用,RNA分子可能会形成大量很难瓦解的双链结构,从而改变RNA迁移率。因此非变性状态下不能精准鉴定分子大小,一般只用于分析总RNA的质量。如果要精确鉴定分子的大小和完整性,推荐采用变性电泳。

(3)在RNA未发生降解的情况下,动物组织总RNA电泳应为28S rRNA和18S rRNA两条电泳带,且28S rRNA的亮度为18S rRNA的两倍,主带附近未出现弥散带。

【注意事项】

(1)Trizol试剂含有苯酚,具有毒性和刺激性,注意操作规范。

(2)环境中RNA酶无处不在,所以为了防止RNA过多降解,故实验前应将要使用的全部耗材用DEPC水浸泡之后再进行高温高压灭菌,使用之前还可再用无菌DEPC水浸泡。

(3)为了避免DNA污染,可采用DNA酶处理RNA样品。

【思考题】

(1)RNA的A260/A280值小于或大于2.0的原因是什么?

(2)RNA得率低的原因是什么?

【拓展文献】

[1]任林柱,张英.分子生物学实验原理与技术[M].北京:科学出版社,2015.

琼脂糖凝胶电泳检测DNA

琼脂糖凝胶电泳是分子克隆的基本技术之一，用于核酸等生物大分子的分离、鉴定和纯化。琼脂糖是从琼脂中提取出来的，由D-半乳糖和3，6-脱水-L-半乳糖交替构成的链状多糖，可以形成一个直径为50~200 nm三维筛孔通道。

跟琼脂相比，琼脂糖含有更少的硫酸根，所以具有更好的分离效果，以琼脂糖作为支持物的电泳还具有分辨率高、重复性好、电泳速度快、操作简单、透明且不吸收紫外线、易于观察、样品容易回收等特点，因此琼脂糖被广泛用于核酸电泳。聚丙烯酰胺凝胶也可以用于核酸分离，特别是小片段(5~500 bp)DNA的分离，且分辨率高，可以区分长度相差1 bp的核酸。与聚丙烯酰胺凝胶相比，琼脂糖分离范围更大，从几十到百万碱基对的核酸都能分离，虽然分辨率略低，但操作更加简单，所以常规核酸分离更多采用琼脂糖凝胶电泳。

【实验目的】

(1)掌握琼脂糖凝胶电泳的原理。

(2)掌握琼脂糖凝胶电泳分离DNA的操作步骤。

【实验原理】

带电颗粒在电场力的作用下，向着与其电荷相反的电极移动，称为电泳。DNA分子是两性电解质，在高于其等电点的溶液中(pH 8.0~8.3)，碱基几乎不解离，磷酸基团全部解离，DNA分子带负电荷，在电场中向正极移动。核酸分子在琼脂糖凝胶中电泳时，主要表现为分子筛效应。因此，核酸分子的迁移率由下列几种因素决定：(1)DNA的分子大小。线状双链DNA分子在一定浓度琼脂糖凝胶中的迁移速率与DNA分子量成反比，分子越大则所受阻力越大，也越难于在凝胶孔隙中移动，因而迁移得越慢。(2)DNA分子的构象。当DNA分子处于不同构象时的移动速度不同。相同分子量的线状、开环和超螺旋质粒DNA在琼脂糖凝胶中移动时，超螺旋质粒DNA移动得最快，开环DNA移动最慢。(3)电源电压。在低电压时，线状DNA片段的迁移速率与所加电压成正比。但是随着电场强度的增加，不同分子量的DNA片段的迁移率将以不同的幅度增长，片段越大，因场强升高引起的迁移率升高幅度也越大，因此电压增加，琼脂糖凝胶的有效分离范围将缩小。要使大于2 kb的DNA片段的分辨率达到最大，所加电场不得超过5 V/cm。(4)电泳缓冲液的组成及离子强度。电泳缓冲液的组成及离子强度影响DNA的电泳迁移率，在没有离子存在时(如误用蒸馏水配制凝胶)，电导率最小，DNA几乎不移动；在高强度离子的缓冲液中(如误加10×电泳缓冲液)，电导很高并明显产热，严重时会引起凝胶熔化或DNA变性。(5)琼脂糖浓度。对于相同大小的DNA，琼脂糖浓度越高，电泳速度越慢。浓度小的胶线性范围较宽，浓度大的胶对于小分子DNA片段呈现较好的线性关系，所以，对于小片段DNA分子分离采用较高浓度的胶。表5-1给出了不同浓度琼脂糖与DNA片段大小的有效分离范围。

表5-1　不同浓度琼脂糖凝胶与长链DNA分子有效分离范围

琼脂糖浓度/%	长链DNA分子有效分离范围/kb	琼脂糖浓度/%	长链DNA分子有效分离范围/kb
0.3	5~60	1.2	0.4~6
0.6	1~20	1.5	0.2~4
0.7	0.8~10	2.0	0.1~3
0.9	0.65~7		

溴化乙啶(EB)是核酸的染色剂，在紫外线照射下发射荧光，荧光的强度与DNA的含量成正比，从而可以确定DNA片段在凝胶中的位置并估计出待测样品的浓度。但EB具有一定致癌性，现在逐渐被其他毒性较小的核酸染料取代，如Goldview。

【实验用品】

1.仪器

电泳仪、水平电泳槽、样品梳子、微波炉、UV透射仪(紫外透射仪)。

2.试剂

(1)琼脂糖(分析纯)、DL2000 DNA分子量标准(Marker)、Goldview。

(2)50×TAE电泳缓冲液(用前稀释到1×)：Tris 24.2 g，冰醋酸5.7 mL，0.25 mol/L EDTA(pH 8.0)，加水定容至100 mL。

(3)6×溴酚蓝上样缓冲液：0.25%溴酚蓝，0.25%二甲苯青，30%甘油。

3.材料

实验3制备的DNA样品。

【实验步骤】

1.1%琼脂糖凝胶的制作

（1）将有机玻璃板、梳子洗净、晾干，置于一水平位置模具上，安好挡板。

（2）称取1 g琼脂糖，置于锥形瓶中，加入100 mL 1×TAE缓冲液中，将该锥形瓶置于微波炉中加热使琼脂糖溶解，冷却至50~60 ℃时，加入5 μL Goldview，充分混匀（避免产生气泡）。

（3）将温热琼脂糖溶液倒入胶槽中，使胶液缓慢地展开，直到在整个有机玻璃板表面形成均匀的胶层，在凝胶槽中放入梳子（凝胶的厚度在3~5 mm之间）。

（4）室温下静置30 min左右，待凝胶凝固完全后，轻轻拔出梳子，在胶板上即形成相互隔开的上样孔。制好胶后将铺胶的有机玻璃板放在含有（0.5~1）×TAE工作液的电泳槽中，工作液要没过胶面1 mm以上。

2.点样、电泳与观察

（1）点样。用移液器取5 μL待测DNA样品，与1 μL loading buffer液混合均匀，小心地加入到凝胶上样孔中（每块胶还需要一个上样孔点Marker）。

（2）电泳。打开电泳仪，插好导线，电压110 V，电泳30 min。也可根据指示染料移动的位置，确定电泳是否终止。

（3）观察。电泳完成后切断电源，取出凝胶，置于紫外透射仪上观察电泳结果，并照相记录。

【实验结果分析】

对比DL2000 DNA分子量标准，分析各DNA条带大小。

【注意事项】

（1）不同厂家、不同批次的多糖链长度不同，甚至较低等级的琼脂糖混有其他多糖、盐类、蛋白质等杂质，会影响琼脂糖溶解温度、DNA筛选与分离能力等。所以，要根据需要选择合适的琼脂糖。

（2）上样时枪头不能戳破凝胶。

(3)电泳方向不能放错。

(4)Goldview对皮肤和眼睛有一定刺激作用,操作时应该戴上手套,并小心操作。

(5)胶的厚度不超过5 mm。

【思考题】

(1)琼脂糖凝胶电泳DNA的迁移率与哪些因素有关?

(2)质粒DNA的电泳图谱有时候只有1条带,有时候会有2~3条带,为什么?

【拓展文献】

[1]甘玲,罗献梅.动物生物化学[M].重庆:西南师范大学出版社,2014.

[2]刘维全.动物生物化学实验指导[M].4版.北京:中国农业出版社,2014.

碱裂解法小量提取质粒DNA

细菌质粒DNA的提取是基因工程中常用的基本技术之一。质粒是一种独立存在于染色体外的稳定遗传因子,是双链环状DNA,具有自主复制和转录的能力,能赋予宿主细胞某些特征(如抗药性、营养缺陷型或显色表型反应等)。用于基因克隆的质粒应该有足够的容纳目的基因的幅度,带有一定的抗药性标记,以及若干个限制性内切酶位点以利于插入目标片段;拷贝数多,易于宿主细胞的DNA分开,便于分离提纯。

提取质粒DNA的方法包括三个基本步骤:培养细菌使质粒增殖,收集和裂解细菌,分离和纯化质粒DNA。

【实验目的】

(1)了解质粒的特性及质粒在分子生物学中的作用。

(2)掌握碱裂解法提取质粒DNA的原理和方法。

【实验原理】

分离质粒DNA的方法很多,常见的有碱裂解法、煮沸裂解法、羟基磷灰石柱层析法、质粒DNA释放法、酸酚法、两相法、溴化乙锭-氯化铯密度梯度离心法等。碱裂解法因为经济、回收率高等优点成为目前广泛使用的制备质粒DNA方法,很多商业质粒提取试剂盒也是基于该法设计的。

碱裂解法提取质粒DNA是基于染色体DNA与质粒DNA的变性与复性的差异而达到分离目的的方法。当染色体DNA和质粒DNA被释放出来时,在强碱性条件下,染色体线性DNA的氢键断裂,双螺旋结构解开;共价闭合环状质粒DNA的大部分氢键也断裂,但超螺旋共价闭合环状的两条互补链不会完全分离。当用醋酸钾(或醋酸钠)高盐溶液调节pH至中性时,变性的质粒DNA又恢复到原来的构型,而染色体DNA由于分子量巨大,不能复性纠缠形成网状结构。经过离心，染色体DNA与不稳定的大分子RNA、蛋白质-SDS复合物等沉淀下来而被除去。经酚-氯仿抽提，再由乙醇沉淀获得质粒DNA。

【实验用品】

1. 仪器

高速冷冻离心机、水浴锅、恒温振荡培养箱、旋涡振荡仪、高压灭菌锅、制冰机、微量移液器。

2. 材料

转化有质粒的*E.coli* DH5α受体菌、枪头（灭菌备用）、1.5 mL离心管（灭菌备用）。

3. 试剂

（1）溶液Ⅰ（SolⅠ）：25 mmol/L Tris-HCl（pH 8.0），10 mmol/L EDTA（乙二胺四乙酸），ddH_2O（去离子水）91 mL，50 mmol/L葡萄糖4.5 mL（葡萄糖单独灭菌，灭完菌后加入SolⅠ中），高压灭菌，4 ℃保存。

（2）溶液Ⅱ（SolⅡ）：1% SDS，0.2 mol/L NaOH，使用前将两种溶液混合。新鲜配制，常温使用。

（3）溶液Ⅲ（SolⅢ）：KAc 147 g，HAc 57.5 mL，加300 mL无菌水混匀，混匀后加无菌水定容至500 mL。高压灭菌，4 ℃保存。

（4）苯酚-氯仿-异戊醇（体积比为25∶24∶1）混合液：苯酚和氯仿可使蛋白变性并有助于液相与有机相分开，异戊醇则可消除抽提过程中出现的泡沫。

（5）LB培养基，70%乙醇以及预冷的无水乙醇。

【实验步骤】

1. 细胞的制备

（1）挑取转化细菌的菌落，接种到5 mL含抗生素的LB液体培养基中，37 ℃、180 r/min培养过夜或培养12 h以上，以活化菌种（将细菌培养至对数生长期）。

（2）将活化的菌种接种至200 mL的LB液体培养基中，37 ℃、250 r/min剧烈振荡过夜培养至对数晚期。

（3）用离心管（10 mL）分装菌液5 mL，离心（10000 r/min、10 min、4 ℃）去上清液，将离心管倒置于吸水纸上几分钟，使液体尽可能流尽。

2. 细胞的裂解

(1)用250 μL Sol Ⅰ 重悬离心收集到的菌体，剧烈振荡重悬菌体(可用旋涡振荡仪)。

(2)往重悬液中加入250 μL Sol Ⅱ 轻轻颠倒数次(动作要轻柔，防止DNA断裂形成碎片)，彻底混匀，室温放置10 min(Sol Ⅱ 为裂解液，故加入Sol Ⅱ 的菌液会变黏稠如蛋清状)。

(3)加入500 μL预冷的Sol Ⅲ，立即轻轻颠倒混匀直至出现白色絮状沉淀。Sol Ⅲ 为中和溶液，此时质粒DNA复性，染色体和蛋白质不可逆变性，形成不可溶复合物，同时K^+使SDS-蛋白复合物沉淀。

(4)4 ℃、12000 r/min离心10 min。

3. 质粒DNA的回收

(1)收集上一步的上清液至新的1.5 mL离心管中，加入与上清液等体积的酚-氯仿-异戊醇混液，振荡混匀，沉淀核酸，室温放置10 min以上。12000 r/min离心5 min，小心吸出上清液至一新的1.5 mL离心管中。

(2)加入上清液2倍体积预冷的无水乙醇，混匀，室温放置2~5 min，12000 r/min离心10 min。

(3)弃上清液，将管口敞开倒置于卫生纸上使液体尽可能完全流出，再加入1 mL 70%乙醇洗涤沉淀一次，12000 r/min离心5 min。

(4)吸除上清液，将管口敞开倒置于吸水纸上使液体流尽，室温干燥。

(5)将沉淀溶于50 μL无菌去离子水中，储存于-20 ℃冰箱中。

【实验结果分析】

所得到的质粒可通过琼脂糖凝胶电泳(参阅实验5)或限制性内切酶鉴定。

【注意事项】

(1)苯酚和氯仿均有很强的腐蚀性，操作时应戴手套。

(2)在制备质粒过程中，除了加入Sol Ⅰ 需要剧烈振荡外，其余操作必须温和，避免机械剪切力断裂DNA。

【思考题】

(1)在实验中,EDTA、NaOH、SDS、乙酸钾、苯酚、氯仿等试剂的作用是什么?

(2)提取出来的质粒经琼脂糖凝胶电泳后可能有几条带?分别属于什么状态的质粒?

【拓展文献】

[1]甘玲,罗献梅.动物生物化学[M].重庆:西南师范大学出版社,2014.

[2]刘维全.动物生物化学实验指导[M].4版.北京:中国农业出版社,2014.

PCR技术扩增DNA片段

聚合酶链反应（polymerase chain reaction，PCR）是现代分子生物学实验工作的基础之一，是利用一对特异寡核苷酸引物（针对目的基因所设计的），以目的基因为模板进行的DNA体外扩增反应，类似于DNA的天然复制过程。反应产物随循环数的增加呈指数扩增，可高效获取大量目的基因。

【实验目的】

（1）了解PCR技术的应用。

（2）掌握利用PCR技术扩增DNA片段的基本原理和操作方法。

【实验原理】

PCR是体外酶促合成特异DNA片段的一种技术。首先，将待扩增的DNA模板加热，让双链DNA解链成单链DNA，这一步称为变性。随后，当反应混合物冷却至某一温度时，引物与靶序列配对结合，这一步称为退火。最后，温度升高至DNA聚合酶适宜的温度（通常为72 ℃）。这时，DNA聚合酶就会在引物的3′端按照与模板碱基互补的方式添加相应的碱基，DNA链得以延长，这一步称为延伸。这种变性—退火—延伸的过程就是一个PCR循环。每经过一个循环，理论上讲，DNA模板分子数就会增加一倍。因此，经过n次循环扩增后，DNA分子数就会变为原来的2^n倍，从而有利于进一步的分子操作。PCR技术，可以使目的DNA迅速扩增，并且具有特异性强、灵敏度高、操作简单、实用性强、省时并可自动化等特点。因此，PCR技术不仅可以用于基因分离、克隆、核酸序列分析、基因表达调控和基因多态性等研究，还可用于疾病诊断等多个应用领域。PCR技术的发明者美国科学家K.B.Mullis也因此于1993年获得诺贝尔化学奖。

【实验用品】

1.仪器

PCR仪、无菌PCR管、移液器和无菌枪头、锥形瓶、台式高速离心机、旋涡振荡仪、电泳仪、凝胶成像仪、制冰机、称量天平、微波炉等。

2.材料

动物组织总DNA。

3.试剂

无菌水，Taq DNA聚合酶，10×PCR反应缓冲溶液，dNTP贮存液（每种dNTP单一组分的浓度为10 mmol/L），引物（上游引物、下游引物），DNA上样缓冲溶液，溴化乙锭，DNA Marker。

【实验步骤】

1.DNA样品制备

此处用“实验3”所提取的DNA。

2.PCR扩增

（1）PCR体系的建立。取0.2 mL的灭菌PCR管，标上组号，按表7-1依次加入试剂，充分混匀后短暂离心从而将溶液甩至管底。

表7-1　PCR反应体系

成分	用量/μL
灭菌的去离子水	17.0
10×PCR buffer	2.5
dNTP（每种dNTP单一组分的浓度为10 mmol/L）	2.0
上游引物（10 μmol/L）	1.0
下游引物（10 μmol/L）	1.0
模板DNA	1.0
1~5 U/μL Taq DNA聚合酶	0.5
总体积	25.0

（2）PCR的变温程序。按表7-2设置PCR仪变温程序，把离心管放进PCR仪进行扩增，反应结束后，将产物于低温条件下保存或及时检测。

表7-2　PCR反应程序

反应阶段	循环数	温度	持续时间
1	1	95 ℃(预变性)	3 min
		94 ℃(变性)	30 s
2	35	52 ℃(退火)	30 s
		72 ℃(延伸)	30 s
3	1	72 ℃(后延伸)	10 min
4	1	4 ℃	1 min

(3)PCR产物鉴定。反应结束后,取5~10 μL PCR产物进行琼脂糖凝胶(浓度为0.7%~1.5%)电泳,用DNA Marker作为相对分子质量标准,采用1 mg/L溴化乙锭染色,电泳结束后将凝胶置于凝胶成像仪检测并拍照记录。其余PCR产物于-20 ℃保存备用。

【实验结果分析】

拍照记录PCR产物片段的大小,并分析产物条带情况。

【注意事项】

(1)PCR的加样顺序一般遵循以下几个原则:通常先加水,再加体积大的样品,最后加酶。

(2)除特别指出外,加入反应成分时及每一步骤间隙均需在冰上进行。

(3)PCR反应体系中的DNA模板量依据不同的模板进行调整,使所加入的模板DNA的量大致为10^2~10^5拷贝。

(4)延长时间取决于目的片段的长度。

(5)模板、引物不同,退火温度可能不同,需根据实际情况进行调整。

(6)为确保结果准确性,需设立阳性、阴性及空白对照。

(7)谨慎操作,防止由污染引起的假阳性。

(8)注意溴化乙锭染液具有强致癌性,须规范操作。

【思考题】

(1)分析实验失败的可能原因,并提出改进办法。

(2)影响PCR扩增效率的因素有哪些?

(3)试述PCR反应体系中各成分的作用。

(4)查阅文献,阐述PCR技术的应用。

【拓展文献】

[1]黄立华,王亚琴,梁山,等.分子生物学实验技术:基础与拓展[M].北京:科学出版社,2017.

[2]任林柱,张英.分子生物学实验原理与技术[M].北京:科学出版社,2015.

[3]李燕.精编分子生物学实验技术[M].西安:世界图书出版西安有限公司,2017.

[4]龚朝辉.生物化学与分子生物学实验指导:双语版[M].杭州:浙江大学出版社,2012.

感受态细胞的制备和重组子转化

在自然条件下，许多质粒都可以通过细菌接合作用转移到新的宿主细胞内。但人工构建的质粒载体因缺少转移所必需的*mob*基因，故无法自发完成从一个细胞到另一个细胞的接合转移。若需将质粒载体转移进受体细菌，则需诱导受体细菌处于一种短暂的感受态以摄取外源DNA。转化是将外源DNA分子引入受体细胞，使受体细胞获得新的遗传性状的一种手段，是微生物遗传、分子遗传、基因工程等研究领域的基本实验技术。

【实验目的】

(1)掌握氯化钙法制备大肠杆菌感受态细胞的原理。

(2)掌握质粒转化的操作技术。

(3)了解大肠杆菌感受态细胞的制备方法和技术。

【实验原理】

感受态是指受体细胞处于容易吸收外源DNA的一种生理状态，可以通过物理、化学方法诱导形成，也可以自然形成，在基因工程技术中通常采用诱导的方法。受体细胞经过一些特殊处理后(如电击法、$CaCl_2$法等)，细胞膜的通透性发生暂时性的变化，成为允许外源DNA分子进入的细胞，即感受态细胞。

常用的转化方法是用$CaCl_2$处理受体菌，使细菌细胞进入敏感的感受态。0.1 mol/L $CaCl_2$是一种低渗溶液，在0 ℃冷冻处理大肠杆菌细胞时，细胞膨胀成球形，转化混合物中的DNA形成抗DNase(DNA酶)的羧基钙复合物可吸附于细胞表面。在短暂的热冲击下，感受态细胞可吸收外源DNA，然后在丰富培养基内复原并增殖，表达外源基因。带有选择标记基因的外源质粒在受体细胞内表达时，受体细胞表现出标记基因的表型，而使转化子与非转化子在选择培养基上区别开来。

【实验用品】

1. 仪器

超净工作台、恒温水浴锅、恒温摇床、恒温培养箱、制冰机、高压灭菌锅、低温冷冻离心机、微量移液器、玻璃涂棒、分光光度计。

2. 材料

大肠杆菌(*E.coli*)DH5α菌株、重组DNA质粒。

3. 试剂

0.1 mol/L $CaCl_2$(灭菌，分装于1.5 mL离心管中，于4 ℃冰箱保存)，Amp母液(氨苄青霉素100 mg/mL，经0.22 μm滤器过滤除菌，分装于1.5 mL离心管中，置于-20 ℃冰箱保存)，LB液体培养基、LB平板培养基。

【实验步骤】

1. 感受态细胞的制备

(1)受体菌的培养。

①从-80 ℃或-20 ℃低温冰箱中取出菌种*E.coli* DH5α后，在LB平板培养基上涂布，于37 ℃培养箱中培养24 h(活化)。

②从LB平板上挑取一个单菌落转接于含有3~5 mL LB液体培养基的试管中，37 ℃、200 r/min振荡培养12 h左右至对数生长后期。

③将上述菌液以(1∶100)~(1∶50)接种于一含有100 mL LB液体培养基的锥形瓶中，37 ℃、200 r/min振荡培养2~3 h至OD_{600}为0.4~0.6(对数生长期)。

(2)用$CaCl_2$法制备感受态细胞。

①将上述菌液转移到一个预冷、无菌的50 mL聚丙烯离心管中，冰浴10 min，4 ℃、4000 r/min离心10 min。

②弃去上清液(轻轻倾倒上清液，可用移液器吸去残余液体)。

③加入预冷的0.1 mol/L $CaCl_2$溶液30 mL，重悬细胞，再冰浴15 min。

④4 ℃、4000 r/min离心10 min，弃上清液。

⑤以原培养液4%的体积加入冰预冷的0.1 mol/L $CaCl_2$溶液，轻轻吹打沉淀的细胞使之悬浮，即制成了感受态细胞悬液，于冰上放置备用。

⑥制备好的感受态细胞悬液可直接用于转化实验，转化完成后在4 ℃放置12~24 h，转化效率可提高4~6倍；也可加入高压灭菌过的甘油至终浓度为15%~30%，混匀之后以

每管100 μL的量分装至1.5 mL的离心管中，置于−80 ℃冰箱中保存。

2. 重组子（质粒DNA）的转化

（1）取一支1.5 mL离心管，加入100 μL感受态细胞悬液，加入3 μL质粒（10 ng/μL，质粒量不超过50 ng，总体积不超过10 μL），轻轻混匀后，冰上放置20~30 min。受菌体对照：100 μL感受态细胞悬液。

（2）将上述离心管放入42 ℃水浴锅中热激90 s，迅速取出后冰浴5 min（禁止摇动）。

（3）每管加400 μL LB液体培养基，混匀后37 ℃慢摇（70~80 r/min）培养40 min，使细菌恢复正常生长状态。

（4）取100 μL已转化的培养液，涂布在含有适当抗生素的培养基上，待培养基吸干菌液后，倒置培养皿，于37 ℃培养箱中过夜培养。

（5）次日观察并记录转化情况，计算转化率［转化子数/μg（DNA）］。转化后在含有抗生素的培养基上长出的菌落即为转化子，根据培养皿中的菌落数可计算转化子总数和转化率，公式如下：

转化子总数=该皿的菌落数×稀释倍数；

$$稀释倍数=\frac{涂布前总体积}{涂板所用菌液体积}；$$

$$转化率=\frac{转化子总数}{质粒DNA加入量}。$$

以上操作必须在超净工作台上进行。

【实验结果分析】

（1）附上培养皿菌落照片，并计算转化子总数和转化率。

（2）分析转化率低的原因，并讨论实验中的关键步骤对结果的影响。

【注意事项】

（1）感受态细胞制备过程中应注意冰浴操作，各种溶液都需预冷。

（2）制备感受态细胞的所有步骤必须在超净工作台上进行，防止杂菌和有抗生素抗性菌的污染。

（3）$CaCl_2$处理后的细胞比较脆弱，尽量轻柔操作。

（4）感受态细胞的转化率非常重要。理想情况下，感受态细胞的转化率为5×10^6~2×10^7个转化子/μg（DNA）。若转化率不高，最好不要用于后续实验。

(5)热激是一个非常关键的步骤,热激温度准确达到42 ℃非常重要。

(6)热激时间要精确,热激时间过长将对细胞造成伤害,细胞的存活率降低。热激时间一般为60~90 s,可以根据DNA分子大小稍做调整。当DNA分子较小时(3~5 kb),热激60 s即可,如果DNA分子大于8 kb,选择热激90 s。

(7)带抗生素的培养基在4 ℃冰箱放置的时间不要超过1月,否则培养效果会降低。

【思考题】

(1)制备感受态细胞时,应特别注意哪些环节?

(2)如果培养基上没有任何菌落,可能是由哪些原因造成的?

【拓展文献】

[1]黄立华,王亚琴,梁山,等.分子生物学实验技术:基础与拓展[M].北京:科学出版社,2017.

[2]李燕.精编分子生物学实验技术[M].西安:世界图书出版西安有限公司,2017.

[3]徐德强,王英明,周德庆.微生物学实验教程[M].4版.北京:高等教育出版社,2019.

外周血淋巴细胞的分离

淋巴细胞是机体免疫应答功能的重要组成和主要执行者。临床上病原微生物感染、机体自身免疫缺陷以及肿瘤等疾病均可引起淋巴细胞或淋巴亚群的数量和功能发生变化。机体淋巴细胞及其亚群的数目或比例的检测结果可用来判断机体免疫状态、检测临床病情变化、判断预后、考核疗效以及研究发病机制。

【实验目的】

(1)了解离心分离技术的原理与分类。

(2)掌握密度梯度分离法分离淋巴细胞的步骤。

【实验原理】

常用的淋巴细胞分离方法有梯度沉降分离法、密度梯度分离法、流式细胞仪分离法三种。

(1)梯度沉降分离法。此法主要根据细胞大小来分离细胞,细胞在重力的作用下,通过密度介质,或在低离心力作用下通过梯度密度溶液进行沉降。由于细胞大小不同,则沉降速度不同,细胞越大沉降速度越快。在分离细胞的过程中,为了稳定沉降细胞,需要使用适当的分离介质形成一定的梯度密度溶液,常用的分离介质有血清、聚蔗糖和蔗糖等。此法常用于分离大小差异较明显的细胞。

(2)密度梯度分离法。此法主要根据细胞密度差异来分离细胞,细胞在连续密度梯度分离介质中,在强离心力作用下,最后到达与其密度相同的分离介质层面,并能保持平衡。在非连续密度梯度中,分离的细胞主要集中于介于自身密度的两种密度介质交界面上,从而达到分离细胞的目的。目前,此法最常用的分离介质有白蛋白、聚蔗糖(Ficoll)、Percoll及Metrizamide。

(3)流式细胞仪分离法。此法是让荧光抗体与细胞膜表面抗原结合,然后用超声波使其充分分散为单个细胞,再将细胞悬液通过一个直径50 μm的喷嘴,使细胞悬液成为微滴,每微滴至多含一个细胞,以10 m/s的速度喷出。经激光照射,细胞上所带的荧光被激发而转成脉冲,测定脉冲数可换算出各种不同细胞表面抗原的情况。由于悬浮微滴中的细胞带不同程度的负电荷,细胞受电场影响后,移行偏斜程度不同,而不带电荷的细胞仍以直线通过,为此可收集到不同电荷或带电荷数不同的各种细胞,即为不同群的细胞。此法分离速度快,分离的细胞仍保持各种功能,但是费用较高。

本实验主要介绍Ficoll作为细胞分离液分离细胞的方法(用于分离单个核细胞,主要包括淋巴细胞和单核细胞)。外周血中红细胞和粒细胞的密度大于分离液的密度,离心后红细胞和粒细胞沉积于管底。淋巴细胞和单核细胞的密度小于或等于分离液密度,离心后淋巴细胞和单核细胞位于血浆层和分离液之间。血小板悬浮于血浆中。分离不同物种的血液时,若采用密度梯度分离法,则需用不同密度的单个核细胞分离液,常用的淋巴细胞分离液密度:小鼠为1.092 g/mL、大鼠为1.083 g/mL、鸡为1.090 g/mL、犬为1.079 g/mL、猪和人为1.077 g/mL。

【实验用品】

1.仪器

水平离心机、微量移液器、显微镜等。

2.材料

小鼠、解剖盘、剪刀、镊子、培养皿、试管、吸管、血细胞计数板、载玻片、盖玻片等。

3.试剂

生理盐水、小鼠单个核细胞分离液(Ficoll)、PBS缓冲液、肝素、台盼蓝。

【实验步骤】

(1)采用摘除眼球的方法,采集小鼠血液,用肝素(20 U/mL)抗凝。

(2)将抗凝血加到等体积生理盐水中进行稀释。

(3)使用吸管将稀释后的血液缓慢加到单个核细胞分离液面上,稀释血液与分离液体积比为2:1。

(4)2000 r/min,水平离心20 min。

(5)离心后取出试管,观察分层。底层为红色的红细胞,依次向上为细胞分离液和血浆,在血浆和分离液之间有一层淡淡的白色细胞层,即为淋巴细胞和单核细胞。

(6)用吸管小心吸取白色细胞层,加入3~5倍体积的生理盐水并混匀,2000 r/min离心10 min后,弃除上清液,用生理盐水洗涤细胞沉淀2次。

(7)取少量细胞悬液,经台盼蓝染色后,在显微镜下观察细胞存活情况,并进行活细胞计数。

【实验结果分析】

密度梯度法分离单个核细胞纯度可达95%,其中淋巴细胞数目占全部细胞的90%~95%,细胞获得率可超过80%。

【注意事项】

向分离液管加稀释血液时应沿试管壁缓缓加入,使稀释血液与分离液形成明显的分层,小心放取试管,保持分层完整,避免打乱分层,影响分离效果。

【思考题】

如何进一步分离淋巴细胞中的自然杀伤(NK)细胞?

【拓展文献】

[1]郭鑫.动物免疫学实验教程[M].2版.北京:中国农业大学出版社,2017.

[2]曹雪涛.免疫学技术及其应用[M].北京:科学出版社,2010.

[3]杨汉春.动物免疫学[M].3版.北京:中国农业大学出版社,2020.

[4]J.E.科利根,B.E.比勒,D.H.马古利斯,等.精编免疫学实验指南[M].曹雪涛,等译.北京:科学出版社,2016.

流式细胞仪检测T淋巴细胞亚群

流式细胞术(flow cytometry,FCM)是利用流式细胞仪对处于快速直线流动状态中的单细胞或者生物微粒进行逐个、多参数、快速的定性、定量分析或分选的技术。流式细胞术具有检测速度快、测量指标多、分析全面等优点,广泛用于免疫学、细胞生物学、遗传学、肿瘤学、血液学等基础学科科学研究和临床医学检测。

【实验目的】

(1)了解流式细胞仪的原理。

(2)掌握流式细胞仪的使用方法。

【实验原理】

流式细胞仪的基本原理是将悬浮分散的单细胞悬液经特异荧光抗体染色后,在气压的作用下,垂直进入流式细胞仪的流动室,从喷嘴的圆形孔喷出,经水平方向的激光束垂直照射后发出荧光,同时产生散射光被检测器接收,经过转换器转换为电子信号后,经模/数转换输入计算机。计算机通过相应的软件储存并分析这些数字化信息,就可以得到细胞的大小和活性、核酸含量、酶和抗体的性质等物理和生化指标(见图10-1)。

T淋巴细胞具有高度的异质性,根据其表面的标志和功能特征可分为若干个亚群,各亚群之间相互调节,共同发挥免疫功能。因此,T淋巴细胞亚群数量的检测结果能反映机体的免疫功能状态。

T淋巴细胞表面的CD(CD是位于细胞膜上的一类分化抗原的总称)分子与相应荧光素直接标记的抗CD分子McAb(单克隆抗体)结合后细胞表面形成带有荧光色素的抗原抗体复合物,经激光激发后发出与荧光素相结合的特定波长的荧光,其荧光强度与被测CD分子表达量成正比例关系。所以,通过流式细胞仪可检测含有相应荧光素标记的抗体的阳性细胞百分率。

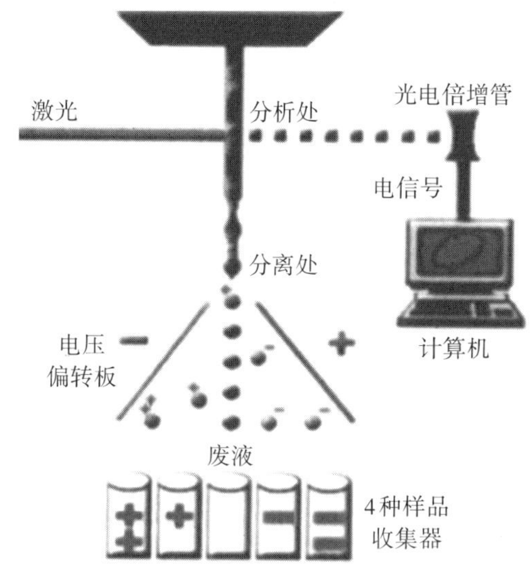

图10-1　流式细胞仪工作原理(引自梁智辉等,2008)

【实验用品】

1.仪器

流式细胞仪、离心机、移液器。

2.材料

吸管、试管。

3.试剂

(1)肝素抗凝小鼠全血,细胞洗液,细胞裂解液,PBS缓冲液(含有0.1%的叠氮化钠)等。

(2)荧光素标记的单克隆抗体:抗小鼠CD3-FITC,抗小鼠CD4-APC,抗小鼠CD8-PE。

(3)细胞固定液:25%戊二醛3.2 mL,葡萄糖2 g加入无血清细胞洗液至100 mL。

(4)FACS缓冲液(鞘液):1×PBS缓冲液950 mL,FCS(小牛血清)40 mL,叠氮化钠溶液10 mL。

【实验步骤】

(1)混匀肝素抗凝小鼠全血,加100 μL全血于试管中,分别加入抗小鼠CD3-FITC、抗小鼠CD4-APC、抗小鼠CD8-PE各10 μL,用振荡器混匀,避光放置15~30 min(室温20~25 ℃)。

(2)加入溶血素2 mL溶解红细胞,在振荡器上混匀,室温避光放置10 min,1000 r/min离心10 min,弃去上清液。

(3)加入PBS缓冲液1 mL洗涤细胞,1000 r/min离心10 min,弃去上清液,加入固定液300 μL重悬细胞,上流式细胞仪检测,流式细胞仪运行过程中加入FACS缓冲液(鞘液)。

(4)将装有细胞的测定管放到流式细胞仪的吸管孔处,先预检测样品,然后再进行实际检测。可根据细胞的浓度选择测定的速度(低、中、高)。所有数据将自动存入计算机。

【实验结果分析】

测定前,用荧光小球矫正仪器的前向角散射光(FSC)和所用荧光的变异系数(小于3%)。冲洗样品管道后,输入同型对照样品,调节样品液与鞘液之间压力差为35~69 kPa,使细胞样品液以稳定的层流通过70 μm喷嘴,与高度聚焦的荧光束垂直交汇。记录每个细胞与激光相遇后产生的前向角散射光和侧向角散射光(SSC),所得数据经计算机处理后,以FSC为横轴,SSC为纵轴,作细胞群分布的二维图像,画出淋巴细胞密集区。再分别作CD3/CD4,CD3/SSC,CD3/CD8的二维点图,画出象限标尺,调节三种荧光调节器电压,使对照管在对数荧光左下象限的细胞数占细胞总数的97%以上。换上实验管,收获2万个细胞后,计算机自动计算出阳性细胞百分率及总细胞数。

【注意事项】

(1)确保细胞悬液上机检测前浓度为1×10^5个/mL。细胞浓度过低将直接影响检测结果。

(2)设置对照样品,采用与抗体来源同型匹配的对照。

(3)注意实验过程中要避光,保障细胞免疫荧光的稳定。样品制备好后如果不能立即上机检测,必须置于4 ℃冰箱避光保存。

【思考题】

(1)FCM的基本原理是什么?

(2)FCM在免疫学领域具体有哪些运用?

(3)检测T淋巴细胞亚群有何意义?

【拓展文献】

[1]梁智辉,朱慧芬,陈九武.流式细胞术基本原理与实用技术[M].武汉:华中科技大学出版社,2008.

［2］郭鑫.动物免疫学实验教程［M］.2版.北京:中国农业大学出版社,2017.

［3］曹雪涛.免疫学技术及其应用［M］.北京:科学出版社,2010.

［4］杨汉春.动物免疫学［M］.3版.北京:中国农业大学出版社,2020.

［5］J.E.科利根,B.E.比勒,D.H.马古利斯,等.精编免疫学实验指南［M］.曹雪涛,等译.北京:科学出版社,2016.

实验11

巨噬细胞吞噬实验

高等动物的细胞在摄取营养物质的同时，有的细胞如单核细胞、巨噬细胞，通过识别病原体等外来物质来行使机体防御的功能。本实验通过预先诱导小鼠腹腔巨噬细胞，然后腹腔注射鸡红细胞，从而引起腹腔巨噬细胞吞噬鸡红细胞。通过光学显微镜可清楚观察到这一现象。

【实验目的】

(1)了解小鼠腹腔巨噬细胞吞噬现象的原理。

(2)熟悉细胞吞噬作用的基本过程。

【实验原理】

高等动物体内的巨噬细胞、单核细胞和嗜中性粒细胞，广泛分布在组织和血液中，具有吞噬某些外来物质的功能，在机体的非特异免疫中起着重要的作用。当病原体或其他异物入侵机体时，能吸引巨噬细胞，而巨噬细胞又具有趋化性，通过产生活跃的变形运动，主动向病原体和异物移行聚集。首先，把异物吸附在细胞表面；然后，吸附区域的细胞膜向内凹陷，伸出伪足包围异物，并吞入胞质，形成吞噬泡；最后，在细胞质中的初级溶酶体与吞噬泡融合形成吞噬溶酶体，继而把病原体杀死，或把异物消化分解。

血细胞主要包括红细胞、白细胞和血小板。根据白细胞的细胞质内是否含有特殊颗粒，可以把白细胞分为有粒、无粒两类。含有颗粒的白细胞为粒细胞，按瑞氏染色时所染成的不同颜色又可将粒细胞分为嗜中性、嗜酸性和嗜碱性三种。无粒白细胞可分为淋巴细胞和单核细胞。

嗜中性粒细胞数量在白细胞中最多，占50%~70%，常穿出血管，聚集于炎症组织的周围；当体内有炎症时，嗜中性粒细胞数量增多。嗜酸性粒细胞数量在白细胞中最少。

淋巴细胞与免疫学有密切的关系，患结核病时淋巴细胞数量明显增多。单核细胞是血液中最大的细胞，变形活动非常活跃，能吞噬细菌和异物，单核细胞穿出血管到结缔组织中可变为巨噬细胞。

嗜酸性粒细胞具有粗大的嗜酸性颗粒，颗粒内含有过氧化物酶和酸性磷酸酶；嗜碱性粒细胞中有嗜碱性颗粒，内含组胺、肝素与5-羟色胺等活性物质；嗜中性粒细胞具有变形运动和吞噬活动的能力。

【实验用品】

1.仪器

离心机、显微镜、培养箱。

2.材料

(1)小白鼠(18~22 g)，成年公鸡。

(2)解剖盘、剪刀、镊子、载玻片、盖玻片、注射器、吸液管、吸水纸。

3.试剂

0.85%生理盐水、阿氏液、6%淀粉肉汤(含有台盼蓝染液)、香柏油、二甲苯。

【实验步骤】

1.诱导小鼠腹腔巨噬细胞

在实验前一天，给小鼠腹腔注射含台盼蓝的6%淀粉肉汤1 mL(注射进针时不要过深，否则易损害内脏及血管等，造成小鼠出血死亡)，诱导巨噬细胞游离至腹腔内。

2.制备1%鸡红细胞悬液

采集健康鸡翼静脉血1 mL，放入盛有4 mL阿氏液的溶液瓶中，混匀后置于4 ℃冰箱内保存备用(一周内使用)。使用前加入0.85%生理盐水离心(1500 r/min，10 min)，倒掉上清液，用生理盐水洗涤沉淀2次，再使用生理盐水配成1%鸡红细胞悬液。

3.小鼠腹腔巨噬细胞吞噬鸡红细胞

实验时，每组取一只注射过淀粉肉汤的小鼠，腹腔注射1%鸡红细胞悬液1 mL，轻按小鼠腹部，使悬液分散。

20 min后，用颈椎脱臼法处死小鼠，并将小鼠置于解剖盘中，剪开腹部，把内脏推向一侧，用不装针头的注射器或吸管吸取腹腔液。

取一张干净的载玻片，滴一滴腹腔液和一滴1%鸡红细胞悬液，盖上盖玻片，置于显微镜下观察。

【实验结果分析】

观察时，将显微镜光源调暗些。在高倍镜下，先分清鸡红细胞和巨噬细胞。鸡红细胞是一些淡黄色、椭球形、有核的细胞。而数量较多、体积较大、球形或不规则的细胞，表面具有许多刺毛状的小突起（伪足），胞质中含有数量不等的蓝色小颗粒的细胞即为巨噬细胞。可见有的鸡红细胞一至多个紧附于巨噬细胞表面；有的巨噬细胞已将一至多个鸡红细胞部分吞入；有的鸡红细胞已被巨噬细胞全部吞入；有的巨噬细胞内的吞噬泡体积缩小，并呈球形，这是因为吞噬泡已与初级溶酶体发生融合，泡内物质正在被消化分解。

【注意事项】

小鼠死后立即注入生理盐水，可获得较多的巨噬细胞。

【思考题】

（1）实验前一天，给小鼠腹腔注射淀粉肉汤（含台盼蓝）的目的是什么？

（2）巨噬细胞内有哪几种结构对执行复杂的吞噬功能最为重要？

【拓展文献】

[1]郭鑫.动物免疫学实验教程[M].2版.北京：中国农业大学出版社，2017.

[2]曹雪涛.免疫学技术及其应用[M].北京：科学出版社，2010.

[3]杨汉春.动物免疫学[M].3版.北京：中国农业大学出版社，2020.

[4]J.E.科利根，B.E.比勒，D.H.马古利斯，等.精编免疫学实验指南[M].曹雪涛，等译.北京：科学出版社，2016.

鸡胚成纤维细胞的原代培养

细胞的原代培养或初代培养是指从供体直接分离的组织细胞的首次培养。原代细胞离体时间短，具有二倍体遗传性，在一定程度上能反映其在体内的生长特性，适合进行药物检测、细胞分化和转化等实验研究。在临床应用中，短期原代培养细胞的移植疗效明显高于未经培养的组织细胞。因此，体外培养动物的各种组织细胞，对于研究各种疾病的发生、发展及防治都具有重要意义。

【实验目的】

（1）了解体外培养细胞的原理及鸡胚成纤维细胞原代培养的基本方法。

（2）掌握无菌操作的一般技术。

【实验原理】

原代细胞培养方法很多，最基本和常用的有两种即组织培养法和消化培养法。

（1）组织培养法的原理是将组织块剪切成小块后，直接接种于培养瓶，在培养瓶内模仿体内生长环境，使来自机体的细胞、组织、器官能够在人工培养条件下生存、生长、繁殖，培养瓶可根据不同细胞生长的需要做相应的处理。组织培养法是常用、简便并且成功率较高的原代培养方法。

（2）消化培养法是采用组织消化分散法，将妨碍细胞生长的细胞间质纤维、基质等物质消化去除，使细胞分散形成悬液，易于从外界吸收营养并排出代谢产物，可在短时间内得到大量活细胞，并且可以在短时间内生长成片。但本法更适用于培养大量组织细胞，产量高，但其步骤繁琐、易污染，而且一些消化酶价格贵，实验成本高。

【实验用品】

1.仪器

纯净水仪、干燥消毒设备、过滤器、超净工作台、普通培养箱、CO_2培养箱、液氮罐、水浴锅、离心机等。

2.材料

7~12日龄鸡胚、0.22 μm滤膜、培养平皿、计数板、解剖器材等。

3.试剂

D-Hank's液、0.25%胰蛋白酶、M199基础培养液、小牛血清、青霉素、链霉素、5% $NaHCO_3$(碳酸氢钠溶液)、75%酒精、5%碘酊等。

【实验步骤】

1.组织培养法

(1)消毒。将7~12日龄鸡胚放入超净工作台,气室朝上放置,用5%碘酊消毒后,再用75%的酒精脱碘。

(2)鸡胚组织制备。用镊子剥去气室部蛋壳,取出鸡胚,去除头部和内脏,剩余组织用D-Hank's液清洗3~4次,将组织块剪成约1 mm^3小块,再用D-Hank's液清洗2~3次。

(3)组织块接种与培养。将组织块均匀地分散平铺于培养瓶底部,培养瓶倒置放入37 ℃、5% CO_2培养箱中静置培养3~5 h,待组织块略干并牢固贴在培养瓶底部时,轻轻翻转培养瓶后加入培养液,使组织浸入培养液中(勿使组织漂起),37 ℃继续静置培养。每2~3 d换液一次,每天观察细胞生长状态,细胞生长汇合成片即可进行传代培养。

2.消化培养法

(1)消毒。将7~12日龄鸡胚放入超净工作台,气室朝上放置,用5%碘酊消毒后,再用75%的酒精脱碘。

(2)鸡胚组织剪碎。用镊子剥去气室部蛋壳,取出鸡胚,去除头部和内脏,剩余组织用D-Hank's液清洗3~4次,将组织块尽量剪成小块或泥状,再用D-Hank's液清洗2~3次,稍静置后,除去血污。

(3)胰蛋白酶消化。加入0.25%胰蛋白酶溶液,使其完全浸润组织块,盖好盖子,置于37 ℃环境下消化15~45 min,每隔5 min摇动一次,使组织块散开,发现组织块开始变疏松,颜色略变白时,停止消化。

(4)终止消化。将消化好的细胞放置在超净工作台中,加入3~5 mL含小牛血清的培养液,用吸管反复吹打,使组织块分散成单细胞状态,静置5~10 min后,将细胞液通过100目不锈钢筛网,制成单细胞悬液。

(5)细胞接种与培养。用培养液将细胞悬液浓度调整为1×10^6个/mL,将稀释好的细胞悬液接种于培养瓶中,加入培养液覆盖底部细胞。

将培养瓶置于37 ℃、5%CO_2培养箱中培养,每2~3 d换液一次,每天观察细胞的生长状态。

【注意事项】

(1)应在酒精灯的火焰附近进行操作,耐热物品要经常在火焰上灼烧。

(2)所使用的相关耗材应保持无菌状态,避免引起细胞污染。

(3)避免对着超净工作台讲话和随意走动。

(4)组织消化过程中,为了防止消化过度影响细胞状态,要随时观察,及时终止消化。

(5)细胞接种浓度不宜过高,否则会影响细胞贴壁和生长。

(6)原代培养过程中要仔细观察,发现细胞游出后要照相记录。原代培养3~5 d,需换液一次,去除漂浮的组织和残留的血细胞。因为,已经漂浮的组织块和大块的细胞碎片会产生代谢有毒物,影响原代细胞的生长,所以要及时清除。

【实验结果分析】

鸡胚成纤维细胞(见图12-1)贴壁、单独或成片生长于培养瓶底部,形态多为三角形或梭形、细条形。

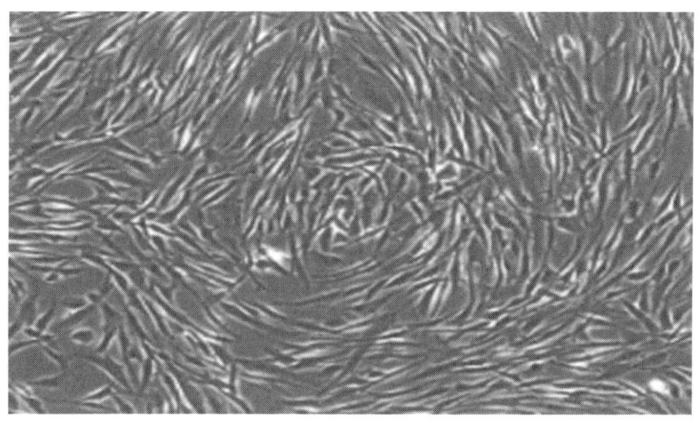

图12-1　鸡胚成纤维细胞

【思考题】

(1)细胞在培养过程中若被细菌或真菌污染会出现什么现象?

(2)怎样防止细胞被污染?

【拓展文献】

[1]刁勇,许瑞安.细胞生物技术实验指南[M].北京:化学工业出版社,2008.

[2]杨新建.动物细胞培养技术[M].北京:中国农业大学出版社,2013.

[3]R.I.弗雷谢尼.动物细胞培养:基本技术和特殊应用指南:原书第7版[M].章静波,等译.北京:科学出版社,2019.

细胞的传代培养

体外培养的细胞，随着不断分裂增殖，数量不断增加，逐渐长满培养空间，导致细胞生存空间越来越小，还会出现营养供应不足、代谢物积聚、培养环境逐渐不适合细胞生长等情况。此时需要将原细胞培养物进行分割稀释后，转移到新的培养容器中继续培养，这个过程称为传代培养，或继代培养、连续培养。

传代培养也能起到纯化细胞的作用。比如原细胞培养物中有多种类型细胞，在传代过程中，因为传代处理方法不同可以将一些所占比例小的细胞淘汰，或者将不同类型细胞分开培养。

体外培养细胞生长包括3个阶段：即潜伏期、生长对数期和稳定期。一般选择生长对数期的细胞进行传代培养。判断细胞培养物是否需要传代的重要指标就是培养物是否已基本长满培养空间。如，培养贴壁细胞时，培养物达到生长基质表面积的80%时，即可进行传代培养。

【实验目的】

(1)学习细胞传代培养的原理和方法。

(2)熟悉细胞传代培养的无菌操作方法。

【实验原理】

传代培养分原代培养后第一次传代和常规传代两种。原代培养后第一次传代细胞的培养时间，由细胞类型和特点、分离活细胞数量和损伤程度、细胞的密度等因素决定。常规传代因不同类型细胞生长培养特点、增殖速度等因素的不同而采取不同的传代方法。

细胞的传代培养方法大致分为3种。(1)悬浮生长细胞传代(如THP1细胞)：多数采用离心法传代(1000 r/min,离心20~30 s后弃去上清液,沉淀细胞加新培养液混匀后再传代);也可以采用直接传代法(即悬浮细胞沉淀在容器底壁时,将上清培养液去除1/3~1/2,然后用吸管直接吹打形成细胞悬液再传代)。(2)半悬浮生长细胞传代(如HeLa细胞):此类细胞部分呈现贴壁生长,但贴壁不牢,可用直接吹打法使细胞从瓶壁脱落下来,进行传代。(3)贴壁生长细胞传代(如Caco-2、T84、IPEC-J2或HCT8):采用酶消化法传代(通过采用0.25%胰蛋白酶液进行消化)。

【实验用品】

1.仪器

倒置显微镜、细胞培养箱、无菌操作台。

2.材料

贴壁细胞(如鸡胚成纤维细胞)、悬浮细胞株(如小鼠NK细胞)、培养瓶、吸管、废液缸等。

3.试剂

0.25%胰蛋白酶,含各种氨基酸和葡萄糖的培养基(DMEM,含10%小牛血清),D-Hank's液,PBS(磷酸盐缓冲溶液),青霉素,链霉素等。

【实验步骤】

1.传代前准备

消化液配制方法:称取0.25 g胰蛋白酶(活力为1:250),加入100 mL D-Hank's液溶解,再过滤除菌,4 ℃保存,用前可在37 ℃温箱内预热。胰蛋白酶溶液中也可加入EDTA至终浓度为0.02%(相应使用Hank's液)。

(1)预热试剂:将用于传代的培养液、PBS、D-Hank's液等试剂放入37 ℃温箱内进行预热。

(2)消毒:开始实验前,打开无菌工作台紫外灯杀菌30~60 min,关闭紫外灯后,启动送风机运转数分钟。进入无菌工作台前,使用75%乙醇和0.1%新洁尔灭擦洗台面和双手。对于预热好的试剂,用75%酒精棉球擦拭试剂瓶表面后,再放入无菌工作台。

在显微镜下观察细胞时,用75%酒精棉球擦拭显微镜载物台后,再摆放细胞瓶观察。

(3)观察细胞:在传代前,于显微镜下观察细胞数量和状态。细胞生长密度不高,或未能达到覆盖整个瓶底时,不能进行传代培养,如贴壁细胞应达到生长基质表面积的80%时再进行传代培养。

2.贴壁细胞传代培养

(1)0.25%胰蛋白酶消化:将细胞培养瓶中旧的培养液吸出弃掉,加入2~3 mL PBS后,轻轻晃动培养瓶清洗细胞表面,再吸出PBS弃掉。加入0.5~1 mL 0.25%胰蛋白酶溶液,使瓶底细胞都浸在溶液中,瓶口塞好橡皮塞,放置于37 ℃温箱内进行消化。

消化期间,在倒置显微镜下观察细胞,若胞质回缩,细胞之间不再连接成片,表明可以终止消化。也可以用肉眼观察消化情况,当见到瓶底发白并出现细针孔空隙时也可以终止消化。

(2)终止消化:吸出或倾倒出消化液,立即加入3 mL培养液抑制胰蛋白酶活性,终止消化。用吸管吸取培养容器内的培养液或反复吹打培养容器的底壁,使贴壁的细胞脱落,轻轻吹打脱落的细胞,形成细胞悬液。

(3)稀释分装培养:收集消化后的细胞悬液,以1000 r/min离心3~5 min后,弃上清液,加入新培养液,将细胞轻轻吹打制成细胞悬液,调整细胞密度(密度最好不低于5×10^5个/mL),分装在2~3个培养瓶中,加入适量培养基,放置于37 ℃培养箱内继续培养。

培养期间,观察细胞贴壁生长情况。

3.悬浮细胞传代培养

悬浮细胞传代培养时不贴壁生长,故无需使用消化液处理。

(1)将培养物转移到离心管内,离心(1000 r/min、5 min)。吸出上清液,重悬细胞。

(2)将细胞悬液分装在2~3个培养瓶中,加入新鲜培养液,放置于37 ℃培养箱内继续培养。

【注意事项】

(1)实验过程中特别注意无菌操作,防止细菌、真菌或支原体等微生物进入培养体系,造成污染。

(2)胰蛋白酶通过在特定位置上降解蛋白质,使细胞间结合处蛋白质降解,这时细胞在自身内部细胞骨架的张力作用下成为球形,从而使细胞分开。不同的组织或者细胞对胰蛋白酶的作用反应不一样,胰蛋白酶分散细胞的活性还与酶的浓度、温度和作用时间等有关,在pH为8.0、温度为37 ℃时,胰蛋白酶溶液的作用能力最强。胰蛋白酶使用时间过长也会消化细胞中所含有的膜蛋白,从而对细胞造成一定的损伤作用。在使用胰蛋白酶时,应把握好浓度、温度和时间,以免消化过度造成细胞损伤。

(3)细胞数量不足时,不要急于传代。在细胞生长到80%~90%汇合时传代最好,过早传代细胞产量少,过晚传代细胞状态不佳。

【思考题】

(1)细胞传代培养的目的及其应用是什么?

(2)细胞传代培养为什么要严格进行无菌操作?

【拓展文献】

[1]关伟军,马月辉,等.家养动物细胞体外培养原理与技术[M].北京:科学出版社,2008.

[2]刁勇,许瑞安.细胞生物技术实验指南[M].北京:化学工业出版社,2008.

[3]杨新建.动物细胞培养技术[M].北京:中国农业大学出版社,2013.

[4]R.I.弗雷谢尼.动物细胞培养:基本技术和特殊应用指南:原书第7版[M].章静波,等译.北京:科学出版社,2019.

细胞转染

细胞转染是将外源分子(DNA和RNA)导入真核细胞的技术。随着分子生物学和细胞生物学研究的不断发展,转染已经成为研究和控制真核细胞基因功能的常规工具。细胞转染在研究基因功能、调控基因表达、突变分析和蛋白质生产等生物学实验中的应用越来越广泛。

【实验目的】

(1)了解细胞转染的原理。

(2)熟悉细胞转染的操作过程。

【实验原理】

转染大致可分为物理介导、化学介导和生物介导三种方法。物理介导方法包括电穿孔法、显微注射法和基因枪法。化学介导方法包括经典的磷酸钙共沉淀法、脂质体转染法和多种阳离子物质介导的技术。生物介导方法包括较为原始的原生质体转染,以及现在比较多见的各种病毒介导的转染技术。理想的细胞转染方法,应该具有转染效率高、细胞毒性小等优点,病毒介导的转染技术是目前转染效率最高的方法。病毒转染方法的准备程序复杂,常常对细胞类型有很强的选择性,在一般实验室中很难普及,其他物理和化学介导的转染方法各有其特点,无论采用哪种转染方法,要获得最优的转染结果,可能都需要对转染条件进行优化。影响转染效率的因素很多,包括细胞类型、细胞培养条件、细胞生长状态和转染时的操作细节等。

【实验用品】

1.仪器

旋涡振荡器、恒温水浴箱、台式离心机、微量移液器、倒置荧光显微镜。

2.材料

293T细胞、MyoD表达质粒、酒精灯、废液缸、血球计数板、35 mm培养皿、转染管、15 mL离心管。

3.试剂

DMEM培养基(无血清培养基)、链霉素-青霉素(双抗)、小牛血清(FCS)、PBS(磷酸盐缓冲溶液)、胰蛋白酶-EDTA消化液、转染试剂。

【实验步骤】

(1)转染试剂的准备。将400 μL去核酸酶的水加入转染管中,振荡10 s,溶解脂状物。振荡后将试剂放在-20 ℃冰箱内保存,使用前还需再振荡一次。

(2)将脂质体体积与DNA质量按1:(1~2)的比例来转染细胞。在一个转染管中加入合适体积的无血清培养基(DMEM),然后加入合适质量的MyoD的DNA,振荡后再加入合适体积的转染试剂,再次振荡。

(3)将混合液在室温条件下放置10~15 min。

(4)吸去管中的培养基,用PBS清洗培养物一次。

(5)加入混合液,将培养物放入培养箱中培养1 h。

(6)加入完全培养基(DMEM+FCS)继续培养24~48 h。

【注意事项】

(1)如细胞为贴壁生长细胞,一般要求在转染前一日,必须用胰蛋白酶将贴壁细胞处理成单细胞悬液,再重新接种于培养皿或培养瓶,转染当日的细胞密度以70%~90%汇合(贴壁细胞)或2×10^6~4×10^6个/mL(悬浮细胞)为宜,最好在转染前4 h换一次新鲜培养液。

(2)用于转染的质粒DNA必须无蛋白质、无RNA和其他化学物质的污染,A260/A280的值应在1.8以上。

(3)在开始准备DNA和转染试剂稀释液时要使用无血清培养基,因为血清会影响复合物的形成。但是,只要在DNA-转染试剂复合物形成时不含血清,在转染过程中是可以使用血清的。

(4)抗生素是影响细胞转染的培养基添加物。抗生素一般对于真核细胞无毒,但阳离子脂质体试剂增加了细胞的通透性,使抗生素可以进入细胞。这降低了细胞的活性,导致转染效率降低。这时候可以选择Entranster转染试剂,非脂质体试剂,培养基可加抗生素,避免细胞染菌。

(5)设置阳性对照和阴性对照。

(6)一般在转染24~48 h后,靶基因即在细胞内表达。根据不同的实验目的,24~48 h后即可进行靶基因表达的检测实验。

(7)如要建立稳定的细胞系,则可对靶细胞进行筛选。根据不同基因载体中所含有的抗性标志选用相应的药物,常用的真核表达基因载体的标志物有潮霉素和新霉素等。

【思考题】

(1)细胞的转染为什么要严格执行无菌操作?细胞的转染在科研上的应用有哪些?

(2)细胞转染后,如何筛选阳性细胞?

【拓展文献】

[1]J.S.博尼费斯农,等.精编细胞生物学实验指南[M].章静波,方瑾,王海杰,等主译.北京:科学出版社,2016.

[2]R.I.弗雷谢尼.动物细胞培养:基本技术和特殊应用指南:原书第7版[M].章静波,等译.北京:科学出版社,2019.

[3]刁勇,许瑞安.细胞生物技术实验指南[M].北京:化学工业出版社,2008.

[4]杨新建.动物细胞培养技术[M].北京:中国农业大学出版社,2013.

[5]关伟军,马月辉,等.家养动物细胞体外培养原理与技术[M].北京:科学出版社,2008.

实验15

细胞的冻存和复苏

冷冻保存是将体外培养物或生物活性材料悬浮在加有或不加冷冻保护剂的溶液中，以一定的冷冻速率降至零下某一温度(一般是低于-70 ℃的超低温条件)，并在此温度下对体外培养物或生物活性材料长期保存的过程。复苏是以一定的复温速率将冻存的体外培养物或生物活性材料恢复到常温的过程。

细胞冻存是细胞保存的主要方法之一，可以使细胞暂时脱离生长状态而将其细胞特性保存起来，在需要的时候再复苏细胞用于实验。适度地保存一定量的细胞，可以防止因正在培养的细胞被污染或发生其他意外事件使细胞丢种，起到了细胞保种的作用。

【实验目的】

(1)了解细胞冻存和复苏在实验中的应用。

(2)掌握细胞冻存和复苏的常规操作。

【实验原理】

细胞悬浮在纯水中，随着温度的降低，在某一温度下细胞内外的水分都会结冰，引起细胞内冰晶损伤；细胞悬浮在溶液中，温度下降后，溶液电解质浓度升高，导致细胞渗漏，产生细胞溶质损伤。细胞冷冻保存时加入冷冻保护剂，冷冻保护剂可以与溶液中水分子结合，不仅可以减少低温下冰晶的形成，还可以降低溶液的电解质浓度，减少低温对细胞的损伤，使细胞可以在低温下长时间保存。常用的冷冻保护剂是二甲基亚砜(DMSO)，它是一种渗透性保护剂，可迅速透入细胞，提高细胞膜对水的通透性，降低冰点。

细胞冻存时的温度根据细胞类型以及冷冻保存方法不同而进行设定。目前液氮温度(-196 ℃)是最佳冷冻保存温度，细胞生命活动在这个温度下几乎停止，复苏后细胞结构和功能完好，理论上储存时间是无限。细胞可以短期保存在-80~-70 ℃环境中，但冻存时间过长的话，细胞存活率明显降低。在冰点与-40 ℃之间的温度内保存细胞的效果不理想。

细胞冻存效果除了与冷冻温度、冷冻保护剂等有关外，细胞复苏时温度升高的速率也会影响细胞冻存后的存活率。一般来说，复温速率越快越好，通常在37 ℃水浴中，于1~2 min内完成复苏，复苏时迅速通过-5~0 ℃温度区间，可以减少细胞结晶引起的细胞损伤。

细胞冻存和复苏的原则是缓冻速融。

【实验用品】

1.仪器

微量移液器、离心机、水浴锅、超净工作台、液氮罐、冰箱。

2.材料

1.5 mL离心管（灭菌备用）、冻存管（灭菌备用）、枪头（灭菌备用）、封口膜、医用橡皮膏。

3.试剂

胎牛血清、二甲基亚砜（DMSO）、DMEM培养基、0.25%胰蛋白酶。

【实验步骤】

1.细胞的冻存

（1）配制冻存液。冻存液配方：胎牛血清2 mL，DMSO 1 mL，DMEM 7 mL。按照以上配方，在超净工作台内配制好冻存液，待用。

（2）消化细胞。取对数生长期细胞，经胰蛋白酶消化后（非贴壁细胞可省略该步骤），1000 r/min离心5 min，弃去上清液，加入适量冻存液，吹打混匀制成细胞悬液（1×10^6~5×10^6个/mL）。

（3）降温冻存。将细胞悬液均匀分装到冻存管中，密封后标记冷冻细胞名称、冷冻日期等信息。

将冻存管放入4 ℃冰箱中，放置约40 min；然后转移至-20 ℃冰箱中，放置30~60 min；再置于-80 ℃超低温冰箱过夜；次日将冻存细胞置于液氮罐中，可长期保存。

2.细胞的复苏

（1）从液氮罐中取出冻存的细胞，迅速浸入37 ℃温水中，不时摇动使其尽快融化。从37 ℃水浴中取出冻存管，用酒精棉球擦拭冻存管外周后，将冻存管放入超净工作台内。

(2)于超净工作台内打开盖子,吸出细胞悬液,加到离心管中并加入10倍体积以上的培养液,轻轻混匀。1000 r/min离心5 min(生命力不强的细胞可省略该步骤),弃去上清液,加入含胎牛血清的培养液重悬细胞,计数,调整细胞密度,接种于培养瓶,37 ℃培养箱静置培养。次日更换一次培养液,继续培养。

【实验结果分析】

将细胞置于显微镜下观察其生长状态。

【注意事项】

(1)从增殖期到形成致密的单层细胞以前的培养细胞都可以用于冻存,但最好为对数生长期细胞。在冻存前一天最好更换一次新鲜的培养液。

(2)将冻存管放入液氮容器或从中取出时,要做好防护工作,细胞冻存管可能漏入液氮,解冻时冻存管中的温度急剧上升,可导致爆炸。

(3)冻存和复苏时尽量使用新配制的培养液。

(4)在常温下,二甲基亚砜对细胞的毒副作用较大,因此,必须在1~2 min内使冻存液完全融化。如果复苏温度太慢,会造成细胞的损伤。

【思考题】

(1)复苏细胞时,离心前为什么需加入10倍体积以上的培养液?

(2)常见的细胞冻存液配制方法有哪些?

【拓展文献】

[1]关伟军,马月辉,等.家养动物细胞体外培养原理与技术[M].北京:科学出版社,2008.

[2]刁勇,许瑞安.细胞生物技术实验指南[M].北京:化学工业出版社,2008.

[3]杨新建.动物细胞培养技术[M].北京:中国农业大学出版社,2013.

[4]R.I.弗雷谢尼.动物细胞培养:基本技术和特殊应用指南:原书第7版[M].章静波,等译.北京:科学出版社,2019.

免抗猪IgG免疫血清的制备

动物受到抗原刺激发生免疫应答，产生特异性抗体。抗体存在于血清中，因此将含有目的抗体的血清称为免疫血清。多数抗原物质含有多个不同结构抗原表位，而由此抗原刺激而产生的抗体为多克隆抗体。免疫血清具有高效价、高特异性等优点，可作为免疫诊断试剂，也可供特异性免疫治疗使用。免疫血清的制备是常用的免疫学实验技术。

【实验目的】

(1)掌握免疫血清制备及检验方法。

(2)了解抗体分离和纯化的原理。

【实验原理】

抗原表面不同抗原表位通过刺激不同特异性B细胞，使特异性B细胞活化、增殖，产生针对不同抗原表位的抗体。这些针对不同抗原表位的抗体混合在一起存在于免疫动物血清中，因此免疫血清中抗体为针对不同抗原表位的抗体混合物。

免疫血清制备过程包括：纯化抗原、制订免疫方案、选择免疫动物、采集免疫血清、测定血清抗体效价和保存纯化血清等环节。免疫方案涉及抗原的剂量、免疫途径、免疫次数以及免疫间隔时间等。

【实验用品】

1.仪器

高速离心机、冰冻离心机、冰箱、温箱等。

2.材料

健康雌性家兔、注射器及针头、无菌锥形瓶、剪刀、镊子、动物固定架等。

3.试剂

灭菌生理盐水、弗氏完全佐剂(CFA)与弗氏不完全佐剂(IFA)、纯化猪IgG,放置于4 ℃条件下保存。

【实验步骤】

1.猪IgG抗原的制备

CFA使不溶的结核分枝杆菌分散,在4 ℃条件下按照1∶1比例,将CFA和纯化猪IgG进行混合。

将CFA和猪IgG混合液吸入玻璃注射器中,利用橡胶细管将装有混合液体的注射器与另一个大小相同的注射器相连接,通过来回推压两边注射器对混合液体进行乳化,直至混合液体变为乳白色。将变为乳白色的混合液体,滴一滴至冷水表面,如果乳状液体在水面聚成一滴不分散,即表明乳化合格。

IFA和猪IgG的乳化方法同上。

2.免疫动物

固定家兔,初次免疫以皮下多部位注射1 mL CFA和猪IgG混合液,2周后,使用IFA作为佐剂进行增强免疫。

3.采集血液,分离血清

增强免疫7~14 d后,通过心脏采血法将血液收集到无菌锥形瓶中,先将血液置于37 ℃温箱1 h,再放置于4 ℃冰箱内过夜。待血液凝固后,以3000 r/min离心15 min后,吸取上清液,置于-20 ℃冰箱内冷冻保存。

【实验结果分析】

通过琼脂扩散实验或间接酶联免疫吸附实验(ELISA)检测免疫血清特异抗体效价。

【注意事项】

(1)弗氏佐剂是强效炎性介质,操作时必须戴手套。

(2)免疫用抗原和佐剂必须完全乳化后才能注射,否则明显影响抗原免疫效果。

(3)抗原的用量与抗原的种类有关,免疫原性强的抗原所用剂量相应减少,免疫原性弱的抗原所用剂量相对增多。

(4)抗原的用量与免疫动物的体重有关,在使用佐剂的情况下,一次性注射剂量以每千克体重0.5 mg为宜,在不使用佐剂时剂量可加大数倍。

【思考题】

为什么选择雌性动物制备免疫血清?

【拓展文献】

[1]汪世华,等.抗体技术[M].2版.北京:科学出版社,2018.

[2]J.E.科利根,B.E.比勒,D.H.马古利斯,等.精编免疫学实验指南[M].曹雪涛,等译.北京:科学出版社,2016.

[3]王廷华,李官成,Xin-Fu Zhou.抗体理论与技术[M].2版.北京:科学出版社,2009.

[4]G.C.霍华德,M.R.凯瑟.抗体制备与使用实验指南[M].张权庚,张玉祥,丁卫,等主译.北京:科学出版社,2016.

[5]崔治中.兽医免疫学实验指导[M].北京:中国农业出版社,2006.

[6]张文学.免疫学实验技术[M].北京:科学出版社,2007.

单克隆抗体的制备

Köhler(科勒)和Milstein(米尔斯坦)将只针对一种抗原决定簇产生抗体的B淋巴细胞和能无限增殖的肿瘤细胞融合杂交,产生既能分泌抗体又能无限增殖的杂交融合细胞,其所产生的抗体是针对同一抗原决定簇的高度同质的抗体,即单克隆抗体,简称单抗。与多抗相比,单抗纯度高、专一性强、重复性好,且能持续地无限量供应。单抗技术的问世,不仅在免疫学领域里掀起了一次革命,还广泛应用于生物医药科学的各个领域,促进了众多学科的发展。

【实验目的】

(1)了解单克隆抗体在生物医药领域的应用。

(2)掌握单克隆抗体的基本制备原理和方法。

【实验原理】

要制备单克隆抗体需先获得能合成抗体的单克隆B淋巴细胞,这种B淋巴细胞不能在体外生长,但骨髓瘤细胞可在体外生长增殖。应用细胞杂交技术使骨髓瘤细胞与免疫的B淋巴细胞二者融合,得到杂交瘤细胞。这种杂交瘤细胞继承了两种亲代细胞的特性,既具有B淋巴细胞合成抗体的特性,也有骨髓瘤细胞能在体外培养增殖的特性。用这种来源于单个融合细胞培养增殖的细胞群,可制备针对一种抗原决定簇的单克隆抗体。其制备流程如图17-1所示。

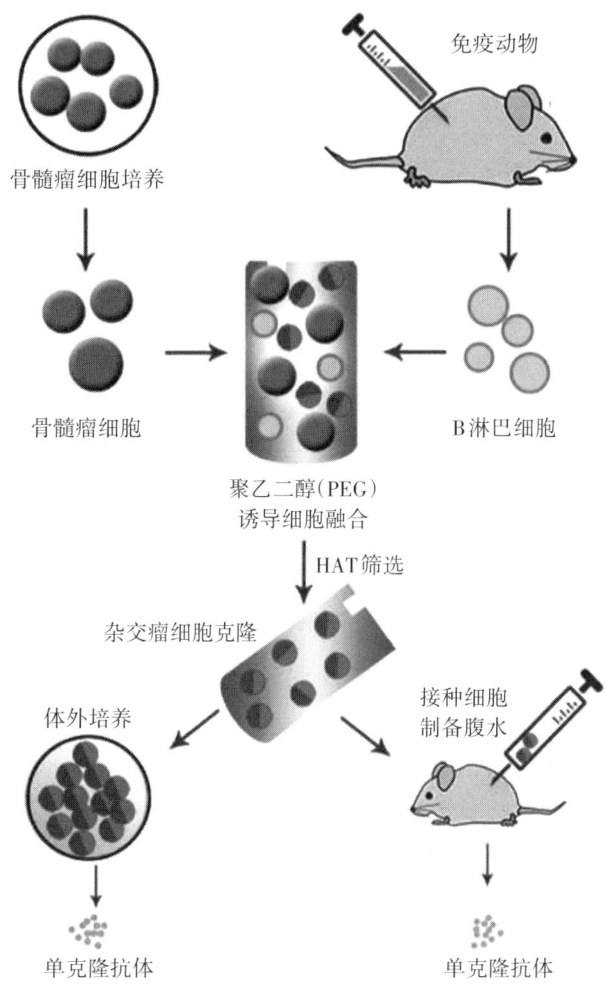

图17-1　单克隆抗体制备流程

【实验用品】

1.仪器

微量移液器、高速冷冻离心机、水浴锅、超净工作台、倒置显微镜、冰箱、细胞培养箱、高压灭菌器等。

2.材料

(1)细胞:骨髓瘤细胞(SP2/0)。

(2)动物:6~8周龄雌性Balb/c小鼠。

(3)离心管(灭菌备用)、枪头(灭菌备用)、封口膜、细胞培养瓶、细胞培养板、注射器、剪刀、眼科镊子、血球计数板等。

3.试剂

(1)纯化抗原,DMEM培养基,胎牛血清(FBS),磷酸盐缓冲液(PBS),50%聚乙二醇溶液(PEG,4 ℃保存)。

(2)青、链霉素溶液(100×,青霉素10^4单位,链霉素100 mg/mL):取青霉素(钠盐)100万单位和链霉素(硫酸盐)1 g,溶于100 mL灭菌超纯水中,小量分装,于-20 ℃冰箱中保存。

(3)氨基蝶呤(A)贮存液(100×,$4×10^{-5}$ mol/L):称取1.76 mg氨基蝶呤(Aminopterin)溶于90 mL超纯水中,滴加1 mol/L的NaOH 0.5 mL助溶,待完全溶解后,加1 mol/L HCl 0.5 mL中和,再补加超纯水到100 mL。0.22 μm膜过滤除菌,小量分装,于-20 ℃冰箱中保存。

(4)次黄嘌呤和胸腺嘧啶核苷(HT)贮存液:称取136.1 mg次黄嘌呤(Hypoxanthine,H)和38.8 mg胸腺嘧啶核苷(Thymidine),加超纯水到100 mL,置于45~50 ℃水浴中至药品完全溶解,0.22 μm膜过滤除菌,小量分装,于-20 ℃冰箱中保存,临用前于37 ℃水浴中溶解。

【实验步骤】

1.SP2/0细胞的复苏与培养

(1)从液氮罐中取出冻存的SP2/0细胞,在37 ℃温水中迅速摇晃解冻,在超净工作台中打开盖子,吸出细胞悬液,加到离心管中并加入10倍体积以上的培养液,轻轻混匀。

(2)1000 r/min离心5 min,弃去上清液,加入含20%胎牛血清的培养液重悬细胞,计数,调整细胞密度,接种于培养瓶中,放入37 ℃、5% CO_2细胞培养箱中静置培养。

(3)次日更换一次培养液,继续培养,直至在瓶底长成单层的致密细胞。

2.免疫小鼠

选择6~8周龄雌性Balb/c小鼠5只,1只为阴性对照,4只用于免疫。抗原用量为100~200 μg/只,进行背部皮下注射,共进行3~5次免疫接种,每次间隔2~4周,第三次免疫后在小鼠尾尖采血,检测抗体效价。

3.饲养层细胞的制备

取同批次免疫的阴性小鼠,眼球采血(全血),处理后的血清作为阴性血清,于-20 ℃冰箱中保存。将小鼠脱颈椎处死,于75%酒精中浸泡消毒,固定于细胞超净台的解剖板上,掀起腹部皮肤暴露腹膜,用酒精棉球擦拭腹部,使用10 mL注射器(更换为2 mL注射器的针头),吸取8~10 mL含胎牛血清的DMEM培养基,注入腹腔并按摩腹部1 min,吸出含有小鼠腹腔细胞的培养基,补充含胎牛血清的DMEM培养基后铺板,放入37 ℃、5% CO_2细胞培养箱中培养。

4.免疫脾细胞的制备及细胞融合

(1)取免疫后的小鼠,眼球采血(全血),处理后的血清作为阳性血清(多克隆抗体),于-20 ℃冰箱中保存。将小鼠脱颈椎处死,用75%酒精浸泡消毒,无菌剥离皮肤暴露腹腔,取出脾脏,去除周围脂肪等多余组织,将脾脏用DMEM培养基冲洗后移入新培养基。

(2)使用5 mL注射器吹洗脾脏,收集脾细胞于DMEM培养基中,1000 r/min离心10 min,弃上清液,加入DMEM培养基重悬。

(3)将预先准备的SP2/0细胞与脾细胞混合,混匀后1000 r/min离心10 min,弃上清液,轻轻弹管壁使细胞松动,再放入37 ℃水浴中,45 s内逐滴加入1 mL 37 ℃预热的50% PEG,边加边晃,加完立即静置90 s。45 s内加入1 mL含有HATAT的DMEM培养基后立即静置15 s,1 min内逐滴加入2 mL DMEM培养基,2 min内逐滴加入2 mL DMEM培养基。然后补加14 mL DMEM培养基,离心1000 r/min,1 min,弃上清液,加入含有HATAT、20%胎牛血清的DMEM培养基,铺到预先准备的饲养层细胞中。每只小鼠铺四块96孔板(200 μL/孔),铺板后于37℃、5%CO_2的细胞培养箱中培养。

5.阳性杂交瘤细胞的鉴定与亚克隆

(1)使用倒置显微镜观察96孔板内融合后的细胞团情况,ELISA方法检测杂交瘤细胞上清抗体量。

(2)取96孔板内含有细胞团且ELISA检测值较高的孔内的细胞进行亚克隆,将孔内细胞移入1.5 mL离心管中混匀计数,稀释后加入20 mL含有20%胎牛血清、HAT的DMEM培养基中,混匀后铺到96孔板中(200 μL/孔),于37 ℃、5% CO_2的细胞培养箱中培养。

(3)亚克隆10 d后对融合的细胞用倒置显微镜观察各孔的细胞团生长情况,ELISA方法检测杂交瘤细胞上清液,确定进行第二次亚克隆的细胞孔。将第二次亚克隆培养基中HATAT替换为HT,其他程序与第一次亚克隆相同。第三次亚克隆与第二次亚克隆完全相同。

(4)最终筛选A450值高的单克隆细胞株进行扩大培养,依次传代至48孔板、24孔板、12孔板、6孔板、10 cm细胞培养皿。

6.杂交瘤细胞稳定性的检测

(1)将杂交瘤细胞传代至第5代、第10代、第15代、第20代,收集杂交瘤细胞培养上清液,保存于-20 ℃冰箱中备用。

(2)使用ELISA检测细胞上清液A450值,以验证杂交瘤细胞传代时抗体表达的稳定性。ELISA检测方法同亚克隆杂交瘤细胞上清液检测方法一致。

7.单克隆抗体的Western blotting(蛋白质印迹法)鉴定

(1)将纯化的抗原样品与蛋白loading buffer混匀,沸水浴10 min,12000 r/min离心5 min,使用10%的分离胶进行SDS-PAGE(十二烷基硫酸钠-聚丙烯酰胺凝胶电泳),电压为110 V,运行70 min。

(2)将蛋白胶转移到PVDF膜上,将膜用TBST缓冲液洗涤3次,8 min/次,洗净的膜浸入5%的脱脂乳(溶解于TBST缓冲液)进行封闭,于37 ℃振荡器上轻晃1 h,分别加入不同株单抗的杂交瘤细胞上清液,4 ℃孵育过夜(16 h以上),然后用TBST清洗4次,10 min/次,用脱脂乳按1∶8000稀释HRP(辣根过氧化物酶)标记的兔抗鼠IgG,室温孵育1 h,然后用TBST清洗4次,10 min/次,使用ECL试剂盒显色,化学发光成像系统分析Western blotting结果。

8.腹水的制备及单抗的纯化

提前准备状态良好的不同株的杂交瘤细胞,对小鼠(8周龄雌性Balb/c)腹腔注射弗氏不完全佐剂致敏,500 μL/只,注射后,轻轻按摩小鼠腹部,第3天对每只小鼠腹腔注射1.0×10^6个杂交瘤细胞,注射后,观察小鼠腹水生成情况并且及时采集腹水。采集的腹水2000 r/min离心20 min,弃上层脂质和沉淀,然后分装冻存。

单抗的纯化目前主要有盐析/沉淀法、离子交换法、凝胶过滤层析、蛋白A或蛋白G纯化、抗原亲和纯化等方法,这里仅简单介绍。盐析/沉淀法主要有两种,一种是硫酸铵两步法,另一种是辛酸-硫酸铵两步沉淀法。硫酸铵两步法的原理是在高浓度的盐离子条件下(一般是中性盐),蛋白质分子在水溶液中,分子表面的水化膜被剥夺,从而析出溶液,表现为溶解度变小而析出。常用的盐主要是硫酸铵,在50%饱和度的情况下,腹水中除白蛋白外的杂蛋白会析出,但同时免疫球蛋白也会析出;在45%饱和度的情况下,免疫球蛋白溶解度最小而析出。操作的时候先向腹水中加入等体积的PBS缓冲液,然后加入硫酸铵固体至50%饱和度,静置2 h左右,10000 r/min离心0.5 h后,弃去上清液,用PBS缓冲液重新溶解沉淀,然后再次加入硫酸铵固体至45%饱和度,静置2 h左右,10000 r/min离心0.5 h,弃上清液,用少量PBS缓冲液溶解沉淀,即得到较纯的抗体,因为此抗体中尚有较高浓度的硫酸铵,因此需要对PBS缓冲液透析,一般透析24 h即可,透析过程中需更换2~3次透析液。

相对于硫酸铵两步沉淀法,辛酸-硫酸铵两步沉淀法得到的抗体更纯。辛酸-硫酸铵两步沉淀法的原理是:辛酸是一种有机酸,在酸性条件下(pH 4.5)可以使大分子蛋白质(尤其是PI值在4.5附近的白蛋白)沉淀,将这些杂蛋白用辛酸沉淀完毕后,再将抗体沉淀下来即可。具体操作如下:

(1)将腹水用0.06 mol/L醋酸钠(pH 4.0)按1∶3稀释,在4 ℃条件下边搅拌边加入辛酸，一般按每毫升未稀释的腹水加入40 μL正辛酸，然后于4 ℃条件下静置2 h。

（2）4 ℃、10000 r/min离心20 min，可见辛酸因低温从系统中结晶析出漂浮在腹水上层，弃去此结晶以及底部沉淀，向上清液中加入1/10体积的10×PBS缓冲液（0.1mol/L，pH 7.4），4 ℃条件下加入硫酸铵固体至终浓度为0.277 g/mL，静置1 h以上。

（3）10000 g离心20 min；弃上清液，将沉淀溶于适量PBS缓冲液中，再将其装入透析袋对PBS缓冲液透析（透析液应为抗体体积的100倍以上，最好搅拌），4 ℃过夜。

（4）收集透析好的抗体，直接现用或加入保护剂和防腐剂长期保存。

【实验结果分析】

在倒置显微镜下观察细胞的形态及生长状况，ELISA方法检测抗体的效价。

【注意事项】

（1）细胞培养过程中注意无菌操作。

（2）Western blotting所用到的一些试剂有毒性，操作时应注意个人防护，避免污染环境。

【思考题】

（1）单克隆抗体的制备原理是什么？

（2）检测抗体的方法有哪些？

【拓展文献】

[1]郭鑫.动物免疫学实验教程[M].2版.北京：中国农业大学出版社，2017.

[2]汪世华，等.抗体技术[M].2版.北京：科学出版社，2018.

[3]J.E.科利根，B.E.比勒，D.H.马古利斯，等.精编免疫学实验指南[M].曹雪涛，等译.北京：科学出版社，2016.

[4]王廷华，李官成，Xin-Fu Zhou.抗体理论与技术[M].2版.北京：科学出版社，2009.

[5]G.C.霍华德，M.R.凯瑟.抗体制备与使用实验指南[M].张权庚，张玉祥，丁卫，等主译.北京：科学出版社，2016.

[6]崔治中.兽医免疫学实验指导[M].北京：中国农业出版社，2006.

[7]张文学.免疫学实验技术[M].北京：科学出版社，2007.

蛋白质印迹法(Western blotting)实验

蛋白质印迹法又叫免疫印迹法,是在蛋白质电泳分离和抗原抗体检测的基础上发展起来的一项检测蛋白质的技术。在电场的作用下,将电泳分离的蛋白从凝胶转移至一种固相支持物上,然后利用抗原-抗体的特异性反应,从蛋白混合物中检测出目标蛋白,从而定量或定性地确定正常或实验条件下细胞或组织中目标蛋白的表达情况。Western blotting还可用于蛋白-蛋白、蛋白-DNA和蛋白-RNA相互作用的后续分析,作为一种低价、便捷、可靠的研究工具,与质谱和蛋白质芯片等技术一起在蛋白质组学时代发挥着重要作用。

【实验目的】

(1)熟悉Western blotting的原理。

(2)掌握Western blotting的操作流程。

【实验原理】

Western blotting是将蛋白质转移到膜上,然后利用抗体进行检测的方法。一个基因表达的产物通常是蛋白质,因此检测蛋白质是检测基因表达的主要标志。

Western blotting采用的是聚丙烯酰胺凝胶电泳(PAGE),被检测物是蛋白质,"探针"是抗体,用标记的二抗"显色"。

经过PAGE分离的蛋白质样品,转移到固相载体(例如硝酸纤维素薄膜)上,固相载体以非共价键形式吸附蛋白质,且能保持电泳分离的多肽类型及其生物学活性不变。以固相载体上的蛋白质或多肽作为抗原,与对应的抗体起免疫反应,再与酶或同位素标记的二抗起反应,经过底物显色或放射自显影来检测电泳分离的特异性目的基因表达的蛋白成分。该技术也广泛应用于检测蛋白水平的表达。

【实验用品】

1.仪器

微量移液器、水浴锅、离心机、垂直电泳仪、恒温振荡仪等。

2.材料

待测蛋白质样品(蛋白质溶液)、枪头、离心管、烧杯、撬胶板、制胶板、制胶器、塑封纸、镊子、剪刀、直尺、铅笔、平皿、搪瓷盘、冰块等。

3.试剂

(1)30%丙烯酰胺混合液:丙烯酰胺与甲叉丙烯酰胺按照29∶1的比例,溶于双蒸水中,制成30%丙烯酰胺混合液,4 ℃避光保存。

(2)十二烷基硫酸钠(SDS):溶于双蒸水中,制成10% SDS溶液,室温保存。

(3)过硫酸铵(APS):溶于双蒸水中,制成10% APS溶液,4 ℃避光保存。

(4)1×蛋白电泳缓冲液:1 g SDS,3.02 g Tris,18.8 g甘氨酸,加双蒸水定容至1 L,室温保存。

(5)1×转膜缓冲液:0.37 g SDS,5.8 g Tris,2.9 g甘氨酸,200 mL甲醇,加双蒸水定容至1 L,4 ℃保存。

(6)1×PBS缓冲液:8 g NaCl、0.2 g KCl、1.44 g Na_2HPO_4、0.24 g KH_2PO_4,用HCl调节pH至7.4,加双蒸水定容至1 L,室温保存。

(7)1× PBST缓冲液:在PBS缓冲液中加入0.1%吐温-20(Tween-20)。

(8)5%脱脂奶粉封闭液:将脱脂奶粉溶于1×PBST缓冲液中。

(9)一抗溶液和二抗溶液:取原液,按照所需比例用1×PBST缓冲液稀释。

(10)化学发光试剂盒:根据二抗上的标记物,选择相应的化学发光试剂盒。

(11)1.5 mol/L Tris-HCl缓冲液(pH 8.8),1 mol/L Tris-HCl缓冲液(pH 6.8),四甲基乙二胺(TEMED),蛋白上样缓冲液(loading buffer),乙醇溶液,甲醇溶液,预染蛋白Marker等。

【实验步骤】

1.蛋白样品的制备与定量

(1)蛋白质样品制备。

蛋白质样品制备是Western blotting的第一步,是关键步骤,要求尽可能获得所有蛋白质。由于蛋白质样品制备的方法各异,具体步骤请参考试剂盒的说明书即可,以下提供两种常见的制备方法。

①提细胞蛋白。

a.消化或刮下细胞至1.5 mL离心管中，于管壁做好标记，10000 r/min离心2 min，1×PBS洗3遍。

b.吸去离心管中PBS，用滤纸吸干里面的水分，加适量RIPA裂解液（RIPA裂解液∶蛋白酶抑制剂=250∶1），若实验做信号通路指标还需加入磷酸酶抑制剂（磷酸酶抑制剂∶RIPA裂解液=1∶1000）。

c.冰上裂解0.5~1 h，4 ℃、10000 r/min离心20 min。

d.取上清液，加入上清液的1/4体积的5×loading buffer，煮沸10 min，分装（蛋白质变性）。

②提取组织蛋白。

a.研钵中倒入液氮，加入组织块，研磨，加液氮，药匙刮下组织样品。

b.刮下组织样品后放入1.5 mL离心管中，加适量RIPA裂解液，吹打。

c.冰上放置1 h，期间，每隔10~15 min吹打一次，4 ℃、10000 r/min离心1 h。

d.取上清液，加入上清液的1/4体积的5×loading buffer，煮沸10 min，分装。

蛋白质样品制备时应注意：在合适的盐浓度下，应保持蛋白质的最大溶解性和可重复性；选择合适的表面活性剂和还原剂，破坏所有非共价结合的蛋白质复合物和共价键，尽量去除核酸、多糖、脂类等干扰分子；防止蛋白质在样品处理过程中的人为修饰，制备过程应在低温下进行，以避免细胞破碎释放出的各种酶类的修饰（加入合适的蛋白酶抑制剂）；样品建议分装成合适的量（比如分装为20 μL样品以供定量分析使用），然后于-20 ℃或-80 ℃冰箱中长期保存，但要注意不要反复冻融，因为会使蛋白的抗原特性发生改变；切勿使用不新鲜的上样缓冲液，同时在处理时也应注意将样品与loading buffer混合均匀。

（2）蛋白质样品定量。

蛋白质定量一般选择BCA（二辛宁可酸）测定或者Bradford方法，BCA要求紫外分光光度计的检测波长为562 nm，Bradford为595 nm，具体方法见各试剂盒说明书。为避免假阳性结果，可预先把lysis buffer加入BCA工作液或考马斯亮蓝G250中，看是否有颜色变化。测定完蛋白含量后，计算含50~100 μg蛋白的溶液体积即为上样量（一般8 mm宽的胶每个泳道最大能承载的蛋白质量为150 μg，如果是提取组织蛋白，则上样量不宜过大）。

1 mm厚的制胶板上样总体积一般不超过20 μL，上样前要将样品在沸水中煮10 min使蛋白充分变性；也可以使用PCR仪95 ℃加热5 min，效果好且操作方便。变性后样品可以在4 ℃冰箱内短时间保存，也可在-20 ℃冰箱内保存数月，但反复冻融会使蛋白质的抗原特性发生改变。

上样前计算好蛋白的上样量，做到每孔保持一致，体积最好不要相差太大，设计好上样顺序。

2.蛋白电泳

(1)清洗制胶板(玻璃板)。

两面都擦洗过后用去离子水冲洗，再风干或烤干，临用前再用无水乙醇擦拭干净。

(2)灌胶与上样。

玻璃板对齐后放入夹中卡紧。然后垂直卡在架子上准备灌胶(操作前先往玻璃板间灌水，检查是否渗漏)。

按试剂盒说明书，选择合适的分离胶浓度进行配胶，最后加入TEMED，摇匀之后即可灌胶。配制凝胶时要充分混匀，并保证试剂的新鲜，特别是APS，配成水溶液后最多在4 ℃储存一周，最好现配现用。

灌分离胶时掌握好速度，避免气泡产生(浓度越小的胶含水越多，凝固后胶体积缩小越多)。灌完分离胶后在上方压一层无水乙醇，液封后的胶凝得更快(灌胶时开始可快一些，胶面快到达所需高度时要放慢速度。操作时胶一定要沿玻璃板流下，这样胶中才不会有气泡。液封时要很慢，否则胶会被冲变形)。当水和胶之间有一条折射线时，说明胶已凝固了。倒去胶上层的乙醇并用吸水纸将残余液体吸干。

按说明书配浓缩胶，加入TEMED后立即摇匀即可灌胶。将玻璃板剩余空间灌满浓缩胶，然后将梳子插入浓缩胶中。灌浓缩胶时也要使胶沿玻璃板流下以免胶中有气泡产生，插梳子时要使梳子保持水平。由于胶凝固后体积会收缩减小，从而使加样孔的上样体积减小，所以在浓缩胶凝固前最好在两边补胶至刚刚冒顶。待到浓缩胶凝固后，两手分别捏住梳子的两边竖直向上轻轻将其拔出。

制胶完成后连同玻璃板一起安装到电泳槽上(安装之前可先用电泳缓冲液打湿玻璃板和电泳槽，防止上板后漏液)，加入电泳缓冲液后开始准备上样(电泳液要漫过内侧的小玻璃板，电泳槽下方可加少许电泳液)。加样前可用5 mL注射器或移液器先冲洗一下加样孔。

用微量移液器贴壁吸取样品，注意不要吸进气泡。将移液器枪头插至加样孔中缓慢加入样品(加样太快会使样品冲出加样孔，若有气泡也可能使样品溢出，从而污染相邻的加样孔；枪头也不要插得太深，因为太深容易把玻璃板撑开，导致样品落到胶和玻璃板之间的空隙)。加入下一个样品前，进样器须在外槽电泳缓冲液中洗涤3次，以免交叉污染。

可在头尾孔内加入Marker,中间8个孔加样品,未加样的孔中应加入等量的loading buffer。

电泳槽内倒入适量电泳缓冲液(稍稍超过电泳槽上刻度线即可),扣上盖子打开电源开始电泳。电压和电泳时间各异,按照各实验室的惯例或者电泳槽的使用说明来设定。电泳至溴酚蓝刚跑出分离胶即可终止。

3.转移电泳

(1)蛋白电泳结束前,用搪瓷盘将海绵、滤纸、三明治板浸泡在干净的转膜缓冲液中。

(2)电泳结束后,在电转液中剥胶、裁胶,将PVDF膜剪成所需大小后,将膜浸泡在甲醇溶液中活化,1 min后将膜移入转膜缓冲液中。

(3)制作转膜“三明治”,放置顺序为黑板(负极)—海绵—3 mm滤纸—胶—PVDF膜(正面朝下、分清左右、与胶对应)—3 mm滤纸—海绵—白板(正极),合板夹紧。注意,“三明治”制作过程中的每一步都要将用品浸泡在转膜缓冲液中保持湿润,胶与膜之间不能有气泡。

(4)立即将制作好的“三明治”放入电转槽中,倒入转膜缓冲液淹没“三明治”,将电泳槽放入准备好的冰槽中(转膜过程会产生大量的热,为保证蛋白痕迹不消失,转膜过程需在冰浴环境下进行,也可将小型冰袋直接放入电泳槽内)。

(5)开始转膜,转膜的电流及时间因蛋白分子量大小各异。

4.封闭

在进行抗体杂交之前,需要采用异源性蛋白质先对转印膜进行封闭,防止免疫试剂的非特异性吸附,从而降低背景,增加灵敏度,提高信噪比。将转印完成的膜放在1×PBST中清洗3次,10 min/次,清洗后放入塑封纸中封边,留下一口,从口中加入封闭液,封边,放在37 ℃恒温振荡仪上封闭1 h。

5.抗体杂交

将封闭完成的膜放在1×PBST中清洗3次,10 min/次,清洗后放入塑封纸中封边,留下一口,从口中加入稀释好的一抗,封边,放在37 ℃恒温振荡仪上1 h或4 ℃过夜孵育。孵育完一抗的膜放在1×PBST中清洗3次,10 min/次,清洗后放入塑封纸中封边,留下一口,从口中加入稀释好的二抗,封边,放在37 ℃恒温振荡仪上孵育1 h。

非标记的一抗配合标记的二抗使用(间接法),对信号有级联放大作用,可以增加灵敏度并提高信噪比。二抗既可标记放射性同位素,也可标记染料或其他分子,或与酶偶联。常用的酶包括碱性磷酸酶(AP)和辣根过氧化物酶(HRP),通过与底物反应产生光信号。

6. 显色发光

将洗净的膜沥干液体覆盖上显色液，放入影像系统查看结果。

根据二抗的标记物不同，其显色方法也不同，通过胶片或影像系统（CCD）收集信号。较常用的检测系统有HRP标记二抗的增强化学发光（ECL）和DAB检测系统。

【实验结果分析】

通过影像系统查看蛋白免疫印迹。

【注意事项】

（1）未聚合的丙烯酰胺具有神经毒性，操作时应该戴好手套做好个人防护。

（2）梳子插入浓缩胶时，应确保没有气泡。

（3）胶的聚合时间由APS以及TEMED决定，室温条件下通常为30~40 min。APS不新鲜、气温较低会导致凝固变慢，必要时可适当增加APS以及TEMED的用量，但通常凝固时间不会超过1 h，若超过1 h甚至更长时间仍未凝固，应检查操作过程有无错误。

（4）凝胶最好现配现用，如果需要保存最好用湿润的保鲜膜包好，放入4 ℃冰箱中。

（5）"三明治"制作过程中的每一步都要将用品浸泡在转膜缓冲液中保持湿润，胶与膜之间不能有气泡，产生气泡则需要重新贴合。

（6）制作"三明治"的动作一定要快。

（7）保证转膜的所有操作在冰浴环境下进行。

（8）注意电泳时正极对正极，负极对负极。

（9）滤纸和PVDF膜的裁剪必须要整齐、干净，且标记清晰。

（10）要正确选择PVDF膜的型号，如正常的30~170 kDa的蛋白质一般只需要孔径0.45 mm的膜就足够了，分子量很小的蛋白质则需要选择孔径为0.22 mm的膜。

（11）SDS带负电，可以增加分子导电性，这样更利于转膜。加SDS一般是针对那些分子量大的蛋白质。

（12）分子是否能转过去和转膜时间没有必然关系，重要的是在于转膜电流的大小。

（13）一般而言，一抗常用非标记的，但遇到特殊实验需要，可以对一抗进行相应标记。一抗稀释比例及反应条件（温度、时间）视抗体效价而定，并需根据实验结果进行优化，二抗一般可固定一个反应条件。

（14）清洗步骤对清除未结合试剂、降低背景、增强信噪比至关重要，清洗不够会造成较高背景，清洗过度会导致灵敏度降低。为保证实验效果，清洗液的成分可适当调整。

(15)显色液应均匀覆盖膜,尤其是边缘部分;信号应尽快采集,防止时间过长,导致信号失真;信号强度应有一个由弱到强的梯度,以免结果信息遗失,区分度不大。

(16)Western blotting由于实验步骤较多,每一步操作都会对最终结果产生影响,要想优化实验结果,需要从各个步骤进行调整。

【思考题】

(1)Western blotting一般用于什么样的实验?

(2)如何较好地设置Western blotting内参?

【拓展文献】

[1]秦翠丽,李松彪.微生物学实验技术[M].北京:兵器工业出版社,2008.

[2]汪家政,范明.蛋白质技术手册[M].北京:科学出版社,2000.

[3]E.哈洛,D.莱恩.抗体技术实验指南[M].沈关心,龚非力,等译.北京:科学出版社,2002.

噬菌体侵染细菌实验

噬菌体是一类寄生于细菌等微生物中的病毒，具有侵袭和裂解细菌的功能，是自然界中种类繁多和栖息范围极广的一种微小生命体。目前，噬菌体已广泛应用于医学检测、外源基因表达以及抗体筛选等领域。噬菌体以其突出的优势在生物防控和疾病治疗中扮演着重要角色。因此，充分了解噬菌体的特性，在实际生产应用中具有重要意义。

【实验目的】

(1)了解噬菌体在生物学领域的应用。

(2)学习并掌握噬菌体的培养技术。

【实验原理】

T_2噬菌体的结构为蛋白质外壳包裹DNA，当T_2噬菌体感染大肠杆菌时，它的尾部吸附在大肠杆菌上，之后噬菌体将核酸注入大肠杆菌内，大肠杆菌体内形成大量噬菌体，当大肠杆菌裂解后，释放出几十个乃至几百个与原来感染细菌一样的T_2噬菌体。

构成蛋白质的化学元素有C、H、O、N、S等，而构成DNA的化学元素有C、H、O、N、P，用放射性同位素^{35}S标记蛋白质，^{32}P标记DNA，宿主(大肠杆菌)分别放在含^{35}S或含^{32}P的培养基中，使增殖的大肠杆菌被^{35}S或^{32}P标记。用噬菌体分别去感染被^{35}S或^{32}P标记的大肠杆菌，并让噬菌体在这些大肠杆菌中复制增殖。宿主裂解释放出的子代噬菌体则也被标记上^{35}S或^{32}P。

接着用被^{35}S或^{32}P标记的噬菌体去感染没有被放射性同位素标记的宿主菌，测定宿主细胞带有的同位素。发现，被^{35}S标记的噬菌体所感染的宿主细胞内很少有^{35}S，而大多数^{35}S出现在宿主细胞的外面。说明^{35}S标记的噬菌体蛋白质外壳在感染宿主细胞后，并未进入宿主细胞内部而是留在细胞外面；在被^{32}P标记的噬菌体感染宿主细胞中发现^{32}P

主要集中在宿主细胞内。由此得出结论，噬菌体感染宿主细胞时进入细胞内的主要是DNA。

噬菌体是一类需要依赖细菌才能繁殖的生物体，其主要由蛋白质衣壳和核酸组成，没有完整成熟的细胞结构。目前发现最多的噬菌体为有尾噬菌体，它的遗传物质存在于正多面体的蛋白质头壳之中，通过颈部将头壳与尾鞘、尾管相连，并在尾管底部形成基盘、尾丝与尾钉，用于捕捉和侵染宿主菌。噬菌体侵染细菌的过程包括吸附、注入、合成、装配和释放，不同类型的噬菌体又以裂解性循环和溶源性循环两种方式进行繁殖。烈性噬菌体只能通过裂解性循环方式进行基因组的复制和子代噬菌体的释放，最终导致宿主菌裂解；温和噬菌体既可以进行裂解性循环，又可以进行溶源性循环。在溶源性循环时，温和噬菌体并不会迅速增殖或裂解宿主细菌，而是与宿主保持一种稳定的状态，其DNA会整合到宿主基因组上或游离存在宿主内，和宿主染色体DNA同步复制。

【实验用品】

1.仪器

微量移液器、恒温振荡培养箱、超净工作台、高压灭菌锅等。

2.材料

锥形瓶、离心管、枪头、培养皿，灭菌待用。

3.试剂

噬菌体原液（实验室保存）、大肠杆菌菌种（实验室保存）、LB液体培养基、LB固体培养基、氯仿等。

【实验步骤】

1.噬菌体的繁殖

（1）取大肠杆菌菌种接种到20 mL的LB液体培养基中，于37 ℃，200 r/min的恒温振荡培养箱中孵育至大肠杆菌对数生长期。

（2）用噬菌体原液去侵染对数生长期的大肠杆菌，于37 ℃，200 r/min的恒温振荡培养箱中孵育24 h，之后5000 r/min离心10 min，收集上清液再加氯仿（噬菌体液∶氯仿=19∶1）除菌，储存于4 ℃冰箱中，作为接下来的噬菌体增殖液。

2.噬菌体增殖液的稀释

（1）离心噬菌体增殖液，5000 r/min、10 min。

（2）取上清液，用上清液10倍体积的LB液体培养基稀释至合适浓度。

3.噬菌体的分离

（1）在0.7%顶层LB固体培养基中（已预热至50 ℃熔化）加入大肠杆菌菌液。

（2）再加入稀释后的噬菌体增殖液，混匀后立刻倒入已铺好的1.8%底层LB固体培养基上，室温放置凝固，37 ℃培养24 h。

4.噬菌体的选择及纯化

观察平板中噬菌斑的形成，选择单个噬菌斑进行纯化。纯化的方法有稀释法和划线分离法。

（1）稀释法。将含有噬菌体的清滤液用LB液体培养基逐级稀释，使成10^{-1}、10^{-2}、10^{-3}、10^{-4}、10^{-5}5个稀释度。取内径为9 cm的培养皿5个，每个培养皿倒入底层LB固体培养基10 mL，放置凝固，做好标记。将5支装有4 mL顶层LB半固体培养基试管做好标记并让培养基熔化，在50 ℃左右温度下，各管分别加入0.1 mL的大肠杆菌菌液和依次稀释的噬菌体液0.1 mL，混合均匀，对号倒入培养皿。在37 ℃下培养10~24 h，观察噬菌体形态、大小，根据实际需要仍可进一步纯化。

（2）划线分离法。用接种针穿刺噬菌斑，然后在LB固体培养基上用接种环划线分离，覆盖含有指示菌的顶层培养基，覆盖时将培养基由未划线区向主要接种区慢慢扩散，切勿旋转摇晃顶层培养基。37 ℃培养10~24 h，观察噬菌斑形态及大小。

【实验结果分析】

观察噬菌斑形态及大小。

【注意事项】

实验操作过程中要做好防护措施。

【思考题】

（1）详细描述分离过程中噬菌斑的形态及变化。

（2）经多次分离纯化仍得不到形态一致的噬菌斑的原因是什么？

【拓展文献】

[1]秦翠丽，李松彪.微生物学实验技术[M].北京：兵器工业出版社，2008.

[2]余茂効，司稺东.噬菌体实验技术[M].北京：科学出版社，1991.

第二部分

综合性实验

猪圆环病毒2型(PCV2)PCR检测方法

猪圆环病毒(PCV,DNA病毒)属于圆环病毒科,是迄今发现的一种最小的动物病毒。目前,猪圆环病毒主要有PCV1、PCV2、PCV3和PCV4 4种血清型,PCV2具有致病性,可以引起断奶仔猪多系统衰竭综合征(PMWS)。断奶仔猪和育肥猪感染PCV2主要表现出生长缓慢、呼吸急促、消瘦、贫血和黄疸等特征,会给养猪业造成严重经济损失。

聚合酶链式反应(PCR)具有高灵敏度、高特异性、简便及可直接检测致病病原体核酸等特点,成为临床上广泛应用的技术之一。在感染性疾病的诊断中,PCR不仅可以对病原进行确切诊断,也可以对病原体进行基因分型和同源性比较,研究病原体的地区分布、基因变异,指导临床治疗。

【实验目的】

(1)掌握猪病毒核酸PCR检测原理。

(2)了解猪传染病PCR检测步骤。

【实验原理】

PCR适用于检测各种样品中的PCV2核酸(DNA),且具有快速、简便、特异等优点。本实验采用针对PCV2基因设计的特异性引物,建立PCR扩增条件,检测发病猪的血液、组织等样本中PCV2病毒核酸,达到快速诊断疾病的目的。

【实验用品】

1.仪器

PCR扩增仪、电泳仪与制备凝胶装置、凝胶成像系统等。

2.材料

发病猪血液、淋巴结、脾脏等样品，PCR反应管，离心管等。

3.试剂

引物：F-TTGTAGTCTCAGCCAGAGT(5'-3')；

R-GCACCATCGGTTATACTGT(5'-3')。

无菌超纯水，Taq DNA聚合酶（简称Taq酶，5 U/μL），$MgCl_2$（25 mmol/L），dNTPs（2.5 mmol/L），PBS，琼脂糖凝胶，Goldview等。

【实验步骤】

1.样品采集和PCR模板制备

根据临床症状，采集发病猪或死亡猪的血液、淋巴结、脾脏、肺脏等病料为检测样本。DNA提取步骤参考实验3，将提取的样本DNA作为PCR扩增模板，可以将DNA置于−20 ℃冰箱保存待用。

2.PCR扩增

PCR反应体系（25 μL）包括：

10×PCR buffer	2.5 μL
DNTPs	2 μL
上、下游引物	各0.5 μL
Taq酶	0.5 μL
DNA模板	2 μL
无菌超纯水	17 μL

PCR反应程序：

95 ℃（预变性）	3 min	
95 ℃（变性）	15 s	共35个循环
55 ℃（退火）	15 s	
72 ℃（延伸）	15 s	
72 ℃（终末延伸）	5 min	

PCR反应同时设立阳性和阴性对照，PCR产物置于4 ℃冰箱（短期保存）备用。

3.PCR产物凝胶电泳

PCR反应结束后，取5~10 μL PCR产物进行琼脂糖凝胶（0.7%~1.5%）电泳，用DNA Marker作相对分子质量指示剂，采用1 mg/L Goldview染色，凝胶成像仪检测电泳后的凝胶是否出现大小为431 bp的目的条带。其余PCR产物置于-20 ℃冰箱保存备用。

【实验结果分析】

(1)根据样本PCR产物琼脂糖凝胶电泳结果,观察是否出现大小为431 bp的目的条带。

(2)根据不同病猪的样本PCR产物电泳之后出现目的条带的情况,分析各病猪感染情况。

【注意事项】

(1)配制PCR扩增反应液时,应计算包括阳性对照、阴性对照、待检样本等在内的总反应液需要量,一次性配好且充分混匀后再加入各样本反应管内,以保证体系的均一性。

(2)Taq DNA聚合酶应在使用前从冰箱中取出,切勿反复冻融,以保证酶的活性不降低。

(3)在处理样本过程中,选择质量好且不含Taq DNA聚合酶抑制剂的耗材,避免造成样本污染。

(4)样本DNA使用后,应先冷冻保存,以便在DNA扩增过程中出现意外时重新检测用。

(5)实验完成后,样本DNA应按照生物污染废弃物及时处理。

【思考题】

(1)电泳检测出现目的条带的猪场应该如何防控疫病?

(2)当阴、阳性对照出现异常,应从哪些方面分析异常情况?

【拓展文献】

[1]陈溥言.兽医传染病学实验指导[M].北京:中国农业出版社,2015.

[2]高春芳.实验室诊断新技术与临床[M].北京:人民军医出版社,2010.

[3]李燕.精编分子生物学实验技术[M].西安:世界图书出版西安有限公司,2017.

实验21

猪传染性胃肠炎病毒N蛋白基因的克隆

基因克隆也称为分子克隆，是20世纪发展起来的一项具有革命性意义的研究技术。基因克隆是在体外将不同来源的DNA分子进行特异切割，再重新连接，组装成一个新的重组DNA分子，然后将重组DNA分子导入宿主细胞中进行扩增，获得大量同一DNA分子的过程，即DNA克隆。

猪传染性胃肠炎（TGE）是由猪传染性胃肠炎病毒（TGEV，RNA病毒）引起的一种猪的高度接触性消化道传染病，世界动物卫生组织（OIE）将其列为B类动物疫病。

【实验目的】

（1）掌握基因克隆的原理。

（2）了解基因克隆的基本操作步骤。

【实验原理】

重组克隆的筛选和鉴定是基因工程中的重要环节之一，重组克隆的筛选和鉴定方法因克隆载体和相应的宿主系统的不同而有所差异。从理论上说，重组克隆的筛选是排除自身环化的载体、未酶解完全的载体以及非目的DNA片段插入的载体所形成的克隆。常用的筛选方法有两类：一类是针对遗传表型改变的筛选法，以β-半乳糖苷酶系统筛选法为代表；另一类是分析重组子结构特征的筛选法，包括快速裂解菌落鉴定质粒大小、限制酶图谱鉴定、PCR、Southern印迹杂交、菌落（或噬菌斑）原位杂交等。

【实验用品】

1. 仪器

台式高速冷冻离心机、PCR扩增仪、电泳仪、凝胶制备装置、凝胶成像系统、微量移液器。

2. 材料

PCR反应管、离心管、培养皿、玻璃棒、试管等。

3. 试剂

(1)Trizol试剂,异丙醇,氯仿,DEPC(焦碳酸二乙酯,RNA酶抑制剂)处理过的超纯水(DEPC水),75%乙醇(用DEPC水配制),M-MLV反转录酶(200 U/μL),5×反转录缓冲液,Taq DNA聚合酶(5 U/μL),10×PCR buffer,dNTPs(10 mmol/L),DL2000(5000)DNA分子量标准,琼脂糖凝胶(1%),5×TBE电泳缓冲液(使用时将5×TBE缓冲液稀释成1×TBE电泳缓冲液),核酸染料(Goldview、溴化乙锭等),DH5α感受态细胞,T载体,异丙基-β-D-硫代半乳糖苷(IPTG),5-溴-4-氯-3-吲哚-β-D-半乳糖苷(X-gal),LB液体培养基,LB固体培养基。

(2)引物:针对TGEV的N蛋白基因设计特异性引物,引物浓度均为20 μmol/L。

(3)电泳加样缓冲液:溴酚蓝0.25 g,甘油30 mL,超纯水70 mL。

【实验步骤】

1. 病毒核酸的提取与反转录

(1)病毒核酸的提取。

RNA提取:取处理好的待检样品及阳性对照样品各250 μL,分别加入1.5 mL离心管中,加入750 μL Trizol试剂充分混匀,室温静置5 min。加入200 μL氯仿,轻轻颠倒混匀静置5 min。4 ℃、10000 r/min离心15 min,小心转移上清液于另一离心管中,加入等体积异丙醇,轻轻颠倒混匀,室温静置20 min。10000 r/min离心15 min,弃上清液,加入1 mL 75%乙醇轻轻混匀,10000 r/min离心5 min,弃上清液,晾干后溶于30 μL DEPC水中。

提取的RNA应立即进行反转录或于-70 ℃冰箱内保存备用。

(2)反转录反应体系(20 μL)。

参考表21-1将试剂加入到PCR反应管,充分混合后短暂离心,再进行反转录反应,反应后的产物(cDNA)可置于-20 ℃冰箱内保存。

表21-1　反转录反应体系

成分	用量/μL
反转录缓冲液	4.0
dNTPs(每种dNTP单一组分的浓度为10 mmol/L)	1.0
下游引物(20 μmol/L)	1.0
模板RNA	2.0
M-MLV反转录酶(200 U/μL)	0.5
DEPC水	11.5
总体积	20.0

2.病毒毒力基因的扩增和克隆

(1)PCR反应体系建立。

参照表21-2,将试剂加入到PCR反应管,充分混合后短暂离心,再进行PCR扩增。

表21-2　PCR反应体系

成分	用量/μL
灭菌的去离子水	34.0
10×PCR buffer	10.0
dNTPs(每种dNTP单一组分的浓度为10 mmol/L)	2.0
上游引物(10 μmol/L)	1.0
下游引物(10 μmol/L)	1.0
cDNA	2.0
1~5 U/μL Taq DNA聚合酶	1.0
总体积	50.0

(2)PCR反应程序。

参考表21-3变温程序,设置PCR反应条件,反应结束后产物于低温环境中保存。

表21-3　PCR反应程序

反应阶段	循环数	温度	持续时间
1	1	95 ℃(预变性)	5 min
2	30	95 ℃(变性)	30 s
		55 ℃(退火)	30 s
		72 ℃(延伸)	45 s
3	1	72 ℃(后延伸)	5 min
反应产物短时间保存可存放在4 ℃冰箱;若需长期保存,可取出后放置于-20 ℃冰箱。			

(3)PCR产物回收。

PCR产物经琼脂糖凝胶电泳后，将目的条带切下来，切碎后放入1.5 mL的Eppendorf管中。

称取凝胶重量，按照3倍凝胶质量(g)加入NaI溶液(μL)，55 ℃加热熔化凝胶。

按每20 μL硅胶树脂(树脂使用前需充分混匀)结合约3 μg DNA的比例，加入硅胶树脂，混合后室温放置20 min。

10000 r/min离心1 min，弃掉上清液后，加入800 μL清洗液，振荡混匀后室温静置10 min，离心，弃掉上清液。此步骤可重复1次。

加入与硅胶树脂等量的TE缓冲液或灭菌蒸馏水，混匀后于55 ℃水浴中放置20 min。

10000 r/min离心1 min，取上清液(胶回收产物)用于连接T载体。

(4)T载体连接。

取3 μL胶回收产物，1 μL pMDTM19-T载体，1 μL H_2O，5 μL Solution I，混合均匀，放入PCR扩增仪中，16 ℃连接4 h。

将10 μL连接产物缓慢加入到20 μL感受态细胞(DH5α)中，冰浴30 min后，42 ℃热激75 s或90 s，再冰浴2 min。

取160 μL预热后的LB液体培养基(37 ℃)，加入至含连接产物与感受态细胞的离心管中；放入37 ℃、220 r/min的恒温振荡培养箱中，振荡培养90 min。

取出培养菌液，全部涂布于Amp/X-gal/LB固体培养基上，避光处理，放入37 ℃培养箱中正置培养30 min后倒置培养过夜。

挑取白色的单菌落接种于含Amp(100 μg/mL)的600 μL LB液体培养基中，放入37 ℃、220 r/min的恒温振荡培养箱中培养过夜。

(5)重组菌PCR鉴定。

参考N蛋白的基因扩增体系和条件，以单克隆菌落的菌液为模板，扩增N蛋白的基因，鉴定目的基因是否转入感受态细菌。

【实验结果分析】

重组菌N蛋白PCR产物大小应与PCR扩增的目的基因大小一致。

【注意事项】

(1)采集病料后及时冻存。

(2)RNA提取所需器具均需要经DEPC水处理，提取过程要求戴乳胶手套及口罩，

RNA提取后要尽快进行反转录或者放入-70 ℃冰箱冻存。

(3)若使用的核酸染料为溴化乙锭(EB)时,应注意EB可对人体致癌,进行制胶、电泳时要在通风环境下进行,取胶时要戴一次性手套,使用后的电泳液不能倒入下水道,要回收到指定的容器内进行处理。

(4)回收产物与T载体连接时,连接液的总体积不要超过20 μL,大于此体积会降低连接效率;当连接效率偏低时可适当延长连接时间至数小时。

【思考题】

(1)如何鉴别猪流行性腹泻病毒和猪传染性胃肠炎病毒?

(2)对于阳性克隆的鉴定有哪些方法?具体阐述各方法原理及操作步骤。

【拓展文献】

[1]崔治中.兽医免疫学实验指导[M].北京:中国农业出版社,2006.

[2]马文丽.分子生物学实验手册[M].北京:人民军医出版社,2011.

[3]M.R.格林,J.萨姆布鲁克.分子克隆实验指南:第四版[M].贺福初,主译.北京:科学出版社,2017.

猪瘟病毒免疫荧光抗体技术

猪瘟是由猪瘟病毒(CSFV)引起的、发生在猪上的一种高度急性、热性、接触性传染病,我国将其列为一类传染病,免疫荧光抗体技术主要用于猪瘟抗体的检测和免疫效果的评估。在当前的各种免疫诊断技术中,免疫标记技术发展最快,其原理是将某种微量或超微量测定物质(如放射性同位素、荧光素、酶、化学发光剂等)标记于抗体或抗原上制成标记物,再加入到抗原-抗体的反应体系中。若有相应的抗原或抗体存在,则形成的抗原-抗体复合物可以通过检测标记物间接显示出来(包括有无及含量)。免疫荧光抗体技术综合了抗原、抗体结合的特异性标记技术的敏感性,弥补了凝集、沉淀等传统免疫学技术在敏感性、准确性、重复性、商品化和自动化等方面的不足,极大地提高了免疫检测技术的实用性。

【实验目的】

掌握免疫荧光抗体技术的基本原理、操作方法及结果判定方法。

【实验原理】

免疫荧光抗体技术就是将不影响抗体活性的荧光素标记在抗体或抗原上,当被标记的抗体或抗原与相应抗原或抗体结合后,就会形成带有荧光素的复合物,在荧光显微镜下,由于高压汞灯光源的紫外光照射,荧光素发出明亮的荧光,这样就可以对抗原或抗体分析示踪。

【实验用品】

1.仪器

荧光显微镜、温箱。

2. 材料

载玻片、盖玻片、毛细吸管、玻片染色缸、带盖方盘、滤纸、待检测病料、阴性对照、阳性对照。

3. 试剂

0.01 mol/L pH 7.4 PBS，猪瘟病毒高免血清（56 ℃水浴30 min灭活），异硫氰酸荧光素（FITC）标记的猪瘟病毒抗体，异硫氰酸荧光素（FITC）标记的兔抗猪抗体结合物，血清，甘油缓冲液。

【实验步骤】

1. 制片

选无自发性荧光的石英载玻片或普通优质载玻片，洗净后浸泡于无水乙醇-乙醚（等体积混匀）混合液中，用时取出并用绸布擦净。将待检病料制成涂片、印片、切片（冷冻切片或石蜡切片）。

2. 固定

将制作的涂片、印片、切片用冷丙酮或95%乙醇室温固定10 min。

3. 水洗

固定后的制片用冷PBS浸泡冲洗，最后用蒸馏水冲洗，防止产生自发性荧光。

4. 染色

染色分为直接染色法与间接染色法两种，间接染色法又可细分为检查抗原和检查抗体两类，具体如下所述。

（1）直接染色法。

①滴加PBS于待检标本片上，10 min后弃去PBS，使标本保持一定湿度。

②将固定好的标本片置于湿盘中，滴加经稀释至染色效价的FITC标记的猪瘟病毒抗体，以抗体覆盖标本为度，然后于37 ℃温箱培养30 min。

③取出标本片，倾去存留的荧光抗体，先用PBS漂洗后，再按顺序于3缸PBS液浸泡，每缸3 min，其间不时振荡。

④用蒸馏水洗标本片1 min，除去盐结晶。

⑤取出标本片，用滤纸条吸干标本四周残余的液体，但不使标本干燥。

⑥滴加甘油缓冲液1滴，盖玻片封片。

⑦立即用荧光显微镜观察。观察标本的特异性荧光强度，一般可用“+”表示。

⑧对照染色。a. 标本自发荧光对照：标本加1滴或2滴PBS；b. 特异性对照（抑制实

验）:荧光抗体染色时，标本加入未标记的猪瘟病毒高免血清之后，再加FITC标记的猪瘟病毒抗体染色；c.阳性对照：已知的阳性标本加FITC标记的猪瘟病毒抗体。

（2）间接染色法-检查抗原。

①滴加PBS于待检标本片上，10 min后弃去，使标本保持一定湿度。

②将固定好的标本片置于湿盘中，滴加已知的猪瘟病毒免疫血清，37 ℃温箱孵育30 min。

③倾去存留的免疫血清，并将标本片依次浸入2个PBS的玻片染缸内，分别浸洗3 min，期间不时振荡。

④用蒸馏水洗标本片1 min，除去盐结晶。

⑤取出标本片，用滤纸条吸干标本四周残余的液体。

⑥滴加FITC标记的兔抗猪抗体结合物，37 ℃温箱孵育30 min。

⑦同该法步骤③④，将标本片充分浸洗。

⑧取出标本片，用滤纸条吸干标本四周残余的液体。

⑨滴加甘油缓冲液1滴，封片，置于荧光显微镜下观察。

⑩对照染色。a.标本自发荧光对照：标本加1滴或2滴PBS；b.荧光抗体对照：标本只加FITC标记的兔抗猪抗体结合物染色；c.特异性对照（抑制试验）：荧光抗体染色时，标本加入未标记的兔抗猪抗体之后，再加FITC标记的兔抗猪抗体结合物；d.阳性对照：已知的阳性标本加猪瘟病毒高免血清与FITC标记的兔抗猪抗体结合物。

（3）间接染色法-检查抗体。

①用已知的猪瘟病毒阳性组织涂片或印片，自然干燥，甲醇固定。

②将固定好的标本片置于湿盘中，滴加适当稀释的待检血清，37 ℃温箱孵育30 min。

③倾去存留的免疫血清，并将标本片依次浸入2个PBS的玻片染缸内，分别浸洗3 min，期间不时振荡。

④用蒸馏水洗标本片1 min，除去盐结晶。

⑤取出标本片，用滤纸条吸干标本四周残余的液体。

⑥滴加FITC标记的兔抗猪抗体结合物，37 ℃温箱孵育30 min。

⑦同该法步骤的③④，将标本片充分浸洗。

⑧取出标本片，用滤纸条吸干标本四周残余的液体。

⑨滴加甘油缓冲液1滴，封片，置于荧光显微镜下观察。

⑩对照染色。

【结果分析】

用荧光显微镜观察时，主要以2个指标判断结果，一个是形态学特征，另一个是荧光的亮度，在结果的判定中，必须将二者结合起来，综合判定。

荧光强度的表示方法如下：

- 无荧光；

± 极弱的可疑荧光；

+ 荧光较弱，但清楚可见；

++ 荧光明亮，呈黄绿色；

+++ ~ ++++ 荧光闪亮，呈明显的亮绿色。

只有在标本自发荧光对照和特异性对照呈无荧光（-）或弱荧光（±），阳性对照和待检标本呈强荧光时（达“++”以上），才可判断待检标本为特异性阳性染色。

【注意事项】

（1）制作标本片时应尽量保持抗原的完整性，减少形态变化，力求抗原位置保持不变。同时还必须使抗原标记抗体复合物易于接受激发光源，以便更好地观察和记录实验现象。这就要求标本要相当薄，并要有适宜的固定处理方法。

（2）细菌培养物，感染动物的血液、脓汁、粪便、尿沉渣等，可用涂片或压印片；细胞和感染组织主要采用冷冻切片或低温石蜡切片；也可用生长在盖玻片上的单层细胞培养物作标本；细胞培养物可用胰蛋白酶消化后做成涂片，细胞或原虫悬液可直接用荧光抗体染色后，再转移至玻片上，直接于荧光显微镜下观察。

（3）固定标本有两个目的，一是防止被检材料从玻片上脱落，二是消除抑制抗原抗体反应的因素（如脂肪）。用有机溶剂固定标本可增强细胞膜的通透性而有利于荧光抗体渗入。

（4）为了保证荧光染色的正确性，避免出现假阳性，进行免疫荧光抗体试验时必须设置标本自发荧光对照、特异性对照（抑制实验）与阳性对照。只有在标本自发荧光对照和特异性对照呈无荧光或弱荧光，阳性对照和待检标本呈强荧光时，才可判断待检标本为特异性阳性染色。

（5）稀释荧光素标记的抗体时，要保证抗体有一定的浓度，抗体浓度过低会导致产生的荧光过弱，影响结果的观察。

（6）染色的温度和时间需要根据标本及抗原的类型来决定，染色时间可以从10 min

到数小时，一般30 min已足够。染色温度多采用室温，高于37 ℃虽然可加强染色效果，但对不耐热的抗原可采用0~2 ℃的低温，延长染色时间。低温染色过夜较37 ℃染色30 min的效果更好。

（7）由于荧光素和抗体分子的稳定性都是相对的，因此随着保存时间的延长，在各种条件的影响下，荧光素标记的抗体可能会变性解离，失去其应有的亮度和特异性。另外，一般标本在高压汞灯下照射超过3 min，就有荧光减弱现象发生。因此经荧光染色的标本最好在当天观察，随着时间的延长，荧光强度会逐渐下降。

（8）荧光显微镜不同于光学显微镜之处，在于荧光显微镜的光源是高压汞灯或溴钨灯，并有一套位于集光器与光源之间的激发滤光片，只让一定波长的紫外光及少量可见光（蓝紫光）通过。此外，还有一套位于目镜内的屏障滤光片，只让激发的荧光通过，而不让紫外光通过，以保护眼睛并能增强反差。

【思考题】

（1）免疫荧光抗体技术的直接法、间接法各有什么特点及应用？

（2）免疫荧光抗体检测实验中设置各种对照的必要性是什么？实验正常的情况下，各种对照结果如何？

【拓展文献】

［1］郭鑫．动物免疫学实验教程［M］．2版．北京：中国农业大学出版社，2017.

［2］崔治中．兽医免疫学实验指导［M］．北京：中国农业出版社，2006.

精制卵黄抗体的制备

禽类感染病原后，其卵黄内可产生相应的抗体，称为卵黄抗体。卵黄抗体与血清抗体一样具有预防和治疗特定疾病的作用，且具有更易获得、生产成本低、生产周期短且能连续生产等优点，目前已经成为血清抗体重要的替代品。

【实验目的】

(1)掌握卵黄抗体的制备过程。

(2)学习卵黄抗体质量及效价检验方法。

【实验原理】

鸡卵黄免疫球蛋白(IgY)是鸡卵黄中存在的主要免疫球蛋白。禽类的体液免疫系统是由腔上囊控制的，当机体受到外界特异性抗原的刺激后，会诱发一系列的免疫应答反应，激发B细胞分化成为能分泌特异性抗体的浆细胞，分泌的大量特异性抗体将会进入血液中。在产蛋禽体内，血液中的特异性抗体又可逐渐移行到卵巢，并在卵黄中蓄积。

【实验用品】

1.仪器

培养箱、离心机、打蛋器、无菌操作台、乳化机、冰箱、匀浆机等。

2.材料

健康的产蛋鸡群、蛋鸡饲养笼、注射器、饲料及饮水槽。

3.试剂

免疫用抗原、白油佐剂、0.1%苯扎溴铵水溶液、灭菌生理盐水、新洁尔灭等。

【实验步骤】

1.蛋鸡免疫

健康产蛋母鸡隔离饲养后进行免疫，免疫方法可选皮下、皮内、肌内、静脉、腹股沟等注射，或口服等。最常用的方法是胸肌多点注射，一般加强免疫3次，程序如下。

胸肌多点注射100 μg弗氏完全佐剂充分乳化的抗原；

第一次注射后的第14 d，胸肌多点注射100 μg弗氏不完全佐剂充分乳化的抗原；

第一次注射后的第28 d及第58 d，各重复免疫1次；

如要维持高产量，每隔一个月要加强免疫一次。

2.鸡蛋的收集

3次加强免疫后的第10 d用双相琼脂扩散实验等方法检测卵黄抗体的效价，当效价达到要求后（一般AGP效价应在1∶64以上）开始收集高免鸡蛋。

3.卵黄抗体的分离与提纯

（1）消毒。将高免鸡蛋浸入40 ℃的0.1%苯扎溴铵水溶液中至少15 min，而后在95 ℃纯化水中浸泡5 s。

（2）分离卵黄。无菌分离蛋黄，加入适量生理盐水、抗生素和防腐剂；用高速组织捣碎机搅拌，再过滤、分装，经无菌检验和安全检验合格后制成卵黄液，冻存备用。将卵黄液转入夹层反应罐中，搅拌呈膏状，加入与卵黄液体积相等的注射用水（25 ℃左右），搅拌均匀制成卵黄匀浆。

（3）酸化。向无菌的酸化罐中先加入6倍卵黄匀浆体积的酸化用水，然后将所得卵黄匀浆缓缓加入无菌的酸化罐中，边加边搅拌，待卵黄匀浆的温度降至4 ℃时，保温静置2 h，离心取上清液备用。

（4）抗体原液。将上清液加热至15 ℃，边搅拌边加入浓度为0.1%的正辛酸（上清液与正辛酸的体积比为70∶0.05），充分搅拌30 min，室温放置2 h后，4200 r/min离心15 min，弃沉淀；用孔径5 μm和1 μm的筒式滤芯过滤上清液，再经截留分子量为10 kDa的中空纤维超滤柱进行浓缩后（浓缩至体积减少2/3~3/4），再用NaOH调整pH为6.8，并用0.45 μm和0.22 μm筒式滤芯过滤除菌。

取滤液，加入甲醛、蔗糖和脱脂牛奶（三者的体积比为0.05∶0.1∶0.01），于37 ℃灭活2 h，定量分装，加盖密封，于4 ℃冰箱内保存，即得到小鹅瘟精制卵黄抗体。

4.卵黄抗体的检验

（1）无菌检验。取0.5 mL卵黄抗体，分别接种于普通琼脂斜面培养基和厌氧肉肝汤培养基，37 ℃培养24~48 h，应无细菌生长。

(2)安全检验。取30日龄健康鸡10只，每只鸡肌注卵黄抗体2 mL，观察5~7 d，应无任何不良反应。

(3)中和实验。取30日龄健康鸡20只，随机分为实验组和对照组2组。实验组每只鸡皮下或肌肉注射野毒和卵黄抗体(1∶10)混合液1 mL，观察饲养10~15 d，应全部存活；对照组每只鸡皮下或肌肉注射野毒1 mL，观察10~15 d，应部分或全部死亡，剖检后出现典型病变。

(4)卵黄抗体效价测定。用双相琼脂扩散实验等方法测定，抗体效价应在1∶64以上。

【注意事项】

(1)免疫用的抗原必须经佐剂完全乳化后才能注射，否则将明显影响抗原的免疫效果。

(2)抗原的剂量取决于抗原的种类，免疫原性强的抗原所用剂量相应减少，免疫原性弱的抗原所用剂量相应增加。

【思考题】

(1)精制卵黄抗体与粗制卵黄抗体有什么区别？分别有什么优缺点？

(2)精制卵黄抗体在临床上的应用有哪些？有哪些需要改进的地方？

【拓展文献】

[1]郭鑫.动物免疫学实验教程[M].北京：中国农业大学出版社，2017.

[2]崔治中.兽医免疫学实验指导[M].北京：中国农业出版社，2006.

禽致病性大肠杆菌的分离与鉴定

大肠杆菌是一类广泛存在于自然界并能引起人和动物共同感染的病原，依其致病机制可分为3类：共生型、肠内致病型和肠外致病型。大肠杆菌病主要是由致病性大肠杆菌引起的一种急性、多形性、肠道型传染病。

【实验目的】

(1)学习并掌握大肠杆菌分离鉴定的原理及方法。

(2)熟悉大肠杆菌的主要培养特性。

(3)了解大肠杆菌的形态和染色特性。

【实验原理】

在细菌学检验中，分离培养是极其重要的环节，正确的分离培养有助于在含多种细菌的病料或培养物中挑选出某种细菌，这对疫病的诊断是至关重要的。对待测菌进行分离培养时，要选择适合于目的细菌生长的培养基、培养温度、气体条件等。常用平板划线法对可疑菌作出初步鉴定；若需从平板上获取纯种菌，则挑取一个单菌落进行纯培养。

大肠杆菌是一种能发酵乳糖、产酸产气的革兰氏阴性无芽孢杆菌，该菌分解乳糖产酸时因带正电荷被染成红色，再与美蓝结合形成紫黑色菌落，并带有绿色金属光泽。

【实验用品】

1.仪器

天平、恒温培养箱、显微镜、恒温水浴箱。

2.材料

临床疑似大肠杆菌发病鸡、细菌微量生化反应管、试管、培养皿、接种环、酒精灯等。

3. 试剂

伊红美蓝(EMB)琼脂培养基,麦康凯琼脂培养基,普通琼脂培养基,磷酸盐缓冲液,无菌生理盐水,无菌1 mol/L NaOH溶液,无菌1 mol/L HCl溶液,革兰氏染液(草酸铵结晶紫染液,鲁格尔碘液,95%乙醇,稀释苯酚复红染液)

【实验步骤】

1. 细菌分离培养

(1)采样。

选择发病禽,用灭菌棉拭子采集动物肛门或泄殖腔样品,然后将拭子置入运送培养基中,保存时间不超过48 h。

(2)平板划线分离培养。

拭子接种于麦康凯琼脂培养基上,(36±1) ℃培养18~24 h;挑取粉红色、边缘光滑的可疑菌落,再用麦康凯培养基纯化一代;纯化后,将可疑菌落接种到普通琼脂培养基上纯化,(36±1)℃培养16~18 h,待进一步细菌鉴定。

2. 大肠杆菌的鉴定

(1)培养性状观察。

将纯化后的单个菌落用常规划线法接种于普通琼脂培养基和伊红美蓝琼脂培养基上,置于(36±1)℃恒温培养箱内,培养(24±2) h,观察两种培养基上菌落的特征。

(2)形态染色特征。

钩取纯化后单个菌落制成涂片,在火焰上固定,革兰染色。滴加结晶紫染色液,染色1 min,流水冲洗,甩干。滴加碘液,媒染1 min,流水冲洗,甩干。滴加95%乙醇脱色15~30 s,流水冲洗,甩干。滴加稀释苯酚复红染液,染色10~20 s,流水冲洗,甩干、风干或滤纸吸干后在显微镜下用油浸镜头观察培养物形态和染色特征。

(3)生化实验。

将纯化细菌接种于细菌微量生化反应管内,具体操作为:分别取细菌生化鉴定管,用砂轮划痕从鉴定管中间折断,鉴定管两端分别作为空白组和实验组,用无菌棒挑取单个或成对的疑似大肠杆菌菌落接种于鉴定管实验组的一端,使菌落与生化鉴定管中的检测液充分混匀,断口处用封口胶密封;将密封好的鉴定管置于(36±1)℃培养箱中,培养18 h后,观察生化管两端颜色变化。

【实验结果分析】

(1)大肠杆菌在普通琼脂培养基上形成光滑、湿润、半透明、灰白色菌落;在伊红美蓝琼脂培养基上产生带金属光泽的菌落。

(2)大肠杆菌革兰氏染色为阴性,显微镜下大肠杆菌的特征为中等大小的直杆菌、两端钝圆、散在排列、无芽孢。

(3)大肠杆菌的基本生化特性:葡萄糖反应为产酸产气,葡萄糖、鸟氨酸、硫化氢、靛基质、乳糖等反应结果均呈阳性,赖氨酸、卫矛醇、苯丙氨酸、尿素、枸橼酸盐等反应结果大多呈阴性。

【注意事项】

(1)采样的器械和所用容器必须灭菌后才可使用,严格执行无菌操作。

(2)液体样本必须搅拌均匀后采用,固体样本要在不同部位采集,使样品尽量具有代表性。

(3)乙醇脱色是革兰氏染色操作的关键环节,严格掌握脱色时间。

(4)乳糖发酵实验应将生化反应管倒置培养,以便观察产气情况。

(5)大肠杆菌分离鉴定时要注意与沙门氏菌和巴氏杆菌的区别。

【思考题】

试述大肠杆菌和大肠菌群的检测方法。

【拓展文献】

[1]郭鑫.动物免疫学实验教程[M].2版.北京:中国农业大学出版社,2017.

[2]马文丽.分子生物学实验手册[M].北京:人民军医出版社,2011.

[3]沙莎,宋振辉.动物微生物实验教程[M].重庆:西南师范大学出版社,2011.